U0094280

后浪

中国传统家具图史

何宝通 编著

北京联合出版公司
Beijing United Publishing Co.,Ltd.

目　录

前　言

笔者自1964年于北京电影学院美术系毕业以来，一直从事影视美术教学与影视美术设计工作，深知传统家具对此项事业的重要性。影视美术人文场景设计中，特别是室内景设计，包括内外两部分。一是景的设计，“外壳”的设计，即建筑的设计；二是道具的设计，“内瓤”的设计。这两者构成了场景设计的全部内容。道具一词在影视界范畴很广，除了“落地生根”的建筑以外，其他有生命的，无生命的，天上飞的，地上跑的，小到针头线脑，大到飞机轮船，都属道具范畴。但在内景，道具的主体就是家具。没有家具就是间空屋，构不成客厅、卧室、办公室、车间、剧院等有特定功能要求的场景。拍历史戏不研究传统家具就无法进行场景中的道具设计。影视美术场景设计在全局上要认真研究、分析并理解剧本，深刻理解导演的创作意图，使设计符合剧本要求，符合导演要求，符合拍戏要求，这是美术场景设计的重要法则之一。另一设计法则，就是场景要有鲜明的时代性、区域性、民族性。这就要求美术师除了掌握特定景（建筑）的时代、区域、民族特点外，同样还必须掌握特定道具（家具）的这三个特点。所以我一直想把多年从事家具教学和影视拍摄中收集的家具资料加以整理，尝试编写一部中国传统家具图史，为学习影视美术、舞台美术、家装的相关人士，以及传统家具制作者、收藏爱好者提供一些资料作为参考。

由于笔者自身的文学修养与文字能力有限，以及形象资料难得，很多资料都是间接资料，如图片、照片，没见过实物，对某些局部看不清，模棱两可，要为它们加以分析、解读、评价，难免出现偏颇。笔者收集资料的标准，首先是家具实物或其照片，彩色的最佳；其次是家具明器模型或模型照片；再次是家具的各种绘画；最后是文字记载。

所谓中国传统家具图史，就是讲述中国家具从原始社会到清代后期这一历史长河中的家具概况。讲述家具的起源、发展的过程，各个历史时期家具的特点、风格样式、结构方式、功能、使用方式，以及家具与社会发展、社会习俗的关系等。这是一项艰难繁杂的工程。

史，贵在真，贵在实。无论什么史，在于把它的本来面貌原原本本地展现在世人面前，让世人清楚了解，至于怎样看待，怎样分析、解读、评价，怎样继承发展，则仁者见仁，智者见智。关键在于原貌的真实，不是真实的原貌，以假充真，做再多的分析研究也是徒劳，还将误人子弟，损害社会。

中国传统家具以木质为主，木料最容易腐蚀、损坏，寿命短，难以长期保存。明朝前的家具实物已非常罕见，历史越往前，实物越少，越难求得，笔者主要以古籍、古画、考古发掘的文物，作为研究考证的主要依据。但古籍中的记载毕竟是抽象的，对于同一家具形象的描述，文化修养或生活阅历不同的人会有不同的理解，会在头脑里反映出不同的形象。绘画包括单幅画、石窟壁画、庙宇壁画、古墓壁画、画像砖、画像石上的绘画，这些画中的家具形象，真实性不尽相同，有的写实性强，可信度高，有的比较写意，则需推敲、揣摩，靠想象来完善。但只要经过后人加工，形象便存在一定程度的失真。古墓出土的明器，有的是原汁原味的家具实物，如河南信阳长台关楚墓出土的战国围栏大床，是一张按当时墓主人生活中使用的木床制作的陪葬品，一张实实在在的、真实的木床，是一件难得的文物，这样的家具资料凤毛麟角，贵越金玉。有的随葬品是仿造实物所做的模型，此类家具史料由于比例缩小，结构复杂的模型一般构件相对不够精致，装饰部位较粗糙，总体上大的形体相似，具体构件不真，使用时应加以注意。

笔者在资料收集中还遇到过这样的情况：同是一件出土的家具明器绘画，不同的书刊中其形象存在一定的差别，不知哪幅画更接近实物。

笔者虽然在资料收集时下了很大工夫，翻阅了大量资料，但还是觉得不够满意。在编写过程中，笔者有两个侧重点，一是明代以前资料，千方百计地通过考古文物、各种绘画渠道，尽可能多地获取具体的、真实的图片资料；而明清家具资料，由于存世的很多，不可能一一录用，尽可能筛选典型的、有代表性的图片资料。但由于篇幅限制，好的家具资料不可能尽收其中，遗憾之至。

此书资料主要取自考古及业内前辈研究的成果，对于图文资料所涉及的作者表示感谢！由于多种原因，书中难免存在不足之处，望业界前辈、同人及读者批评指正。

笔者编书过程中得到苗祥俊老师与张枫老师的帮助，在此表示感谢！

何宝通

2018 年 12 月

中国传统家具图史

第一章　家具起源与发展

家具，即家庭中供人们休息、生活等一切日常所需的器具。家具种类很多，包括炊具、餐具、茶具、酒具、灯具、卧具、坐具、现今的电器等，非常庞杂。本书讲述的只是其中的一大类，从功能上讲，包括休息睡眠使用的席、床、榻；供坐时使用的椅、凳、墩；供储藏物品用的箱、柜、橱；供陈放物品用的案、桌、几、多宝格；供防寒和分隔空间用的屏风；供照明用的灯具；供洗漱、梳妆用的盆架、梳妆台等。家具一词涵盖面很广，本书的重点为“床榻椅凳，几案橱柜”之类。

家具的诞生与人类的生存密不可分。人类生存离不开三大要素，即饮食、劳动、休息睡眠，且三者相辅相成，互为补充。没有食物，人类就失去了原动力，就失去了新陈代谢，就失去了生命。原始人的食物主要是捕获的动物和采集的植物及植物果实、根茎等，这些食物的获得要靠体力与脑力劳动。

当先民对狩猎的动物进行加工处理时，在地上加工既不干净又不方便，于是找一块较平整的石块，在上面收拾食物，这自然地启发了先民用木料制作桌、案的实践；劳动累了需要休息，坐在地上时间长了，转而坐在石头上或倒卧的树干上，这自然地启发了先民用木料制作凳椅；先民最初在毛草、枝叶、兽皮上面睡觉，后来学会将芦苇编制加工成席。这就是家具的起源。

家具的诞生、制作不仅需要工具，需要资源，它还与家庭的诞生有着密切的关系，同时与建筑的诞生也密不可分。人类有了建筑房屋，有了家庭，才会有家具，才会有家具这个名称。当人类处于蒙昧阶段，居住在天然洞穴或巢居在树上时，很难有家具的实体与家具的概念。

人类历史最少有三百多万年，经历过漫长的旧石器时代和新石器时代，其中旧石器时代最长。从公元前4000—5000年至公元前21世纪，我国已由母系社会进入了父系社会，开始有了家庭，这是家具生成的必要条件之一。

在建筑上，我国建筑已从穴居、半穴居发展到地面建筑。图 1-1 为郑州大河村仰韶文化一处遗址复原图，已不是一间建筑而是一组建筑。它由三间进深长、高度高的房屋，与一间进深短、高度矮的房屋建在一起，矮的一间向山面还建了一间单坡的畜圈。这组建筑，除墙体是由小柱、枝杆编制并抹泥外，外形与后世北方农村民居没太大区别。

再如，甘肃秦安大地湾考古 F901 遗址，是这一时期规模宏大的一处遗址，分为前后两部分。根据柱洞遗址判断，前面一栋建筑面阔为六柱五间，进深三排柱，两间，柱洞排列整齐、对称，没有墙垣遗迹；后面一栋主体部分前后两排各八根柱，排列整齐、对称；靠近后排有两大柱洞。另根据柱洞、墙体、门窗遗迹，建筑考古专家杨鸿勋先生将整组建筑复原为：前面为面阔五间，进深三间的轩；后面正身部分为连通的四间“堂”；左右各为一间“旁”；后面一排左角与右角，各为一间“夹”；中间部分为三间“室”。

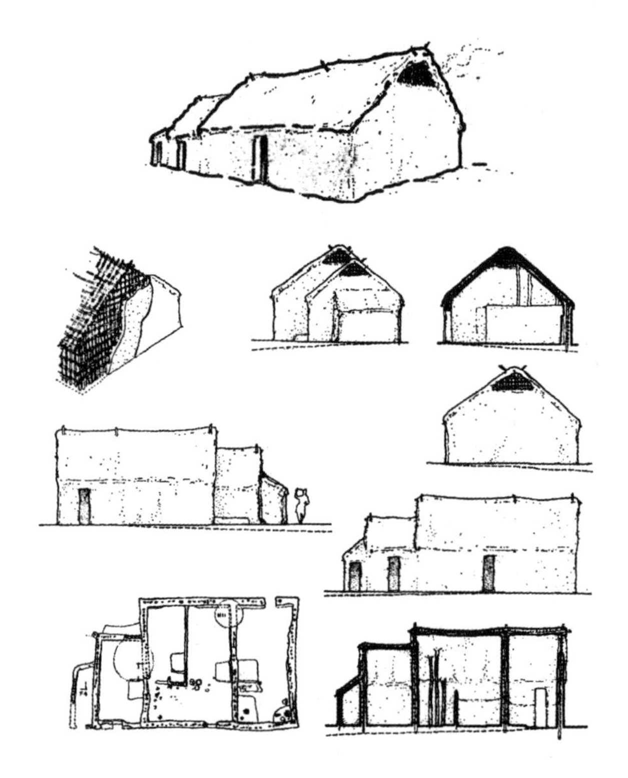

图 1-1　地面建筑

（引自杨鸿勋《杨鸿勋建筑考古学论文集》[增订版]）

这栋建筑前檐正中向外凸出一间屋，类似小前厅，与前轩相通。根据图1-2至图1-6所示的建筑复原图，可以看出这组建筑与清代张惠言所著的《礼仪图》中的士大夫住宅图已很接近。它可能是当时部落首领的“宫殿”，即后世宫殿的雏形。

图1-2　大地湾F901遗址

（引自《甘肃秦安大地湾F901号房址发掘简报》）

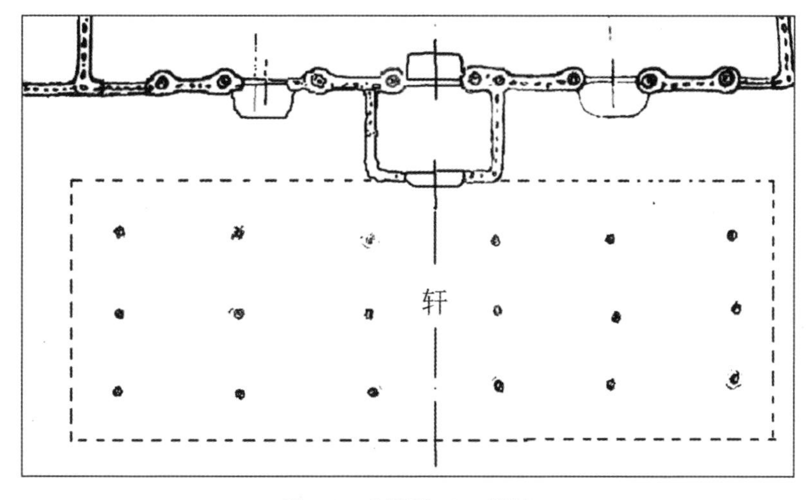

图1-3　大地湾F901遗址

（引自《甘肃秦安大地湾901号房址发掘简报》）

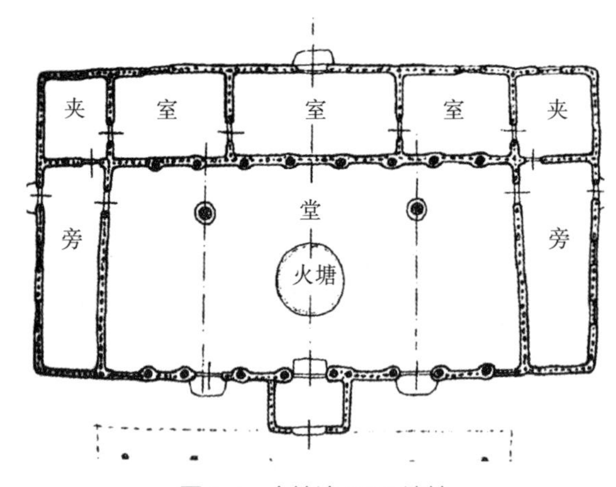

图 1-4　大地湾 F901 遗址
（引自《甘肃秦安大地湾 901 号房址发掘简报》）

图 1-5　大地湾 F901 遗址
（引自《甘肃秦安大地湾 901 号房址发掘简报》）

图 1-6　大地湾 F901 遗址
（引自《甘肃秦安大地湾 901 号房址发掘简报》）

浙江余姚河姆渡聚落遗址的早期文化遗存中，“发现了多达千件以上的建筑木构件和杆栏建筑的遗存、遗迹。已发现的杆栏式建筑基址，多为长方形或长条形的木构房屋，其建筑的年代，约公元前4000年至公元前3300年。在遗址中出土的木构件有桩木、圆木和木板三种……所发现的木构件上的榫头和卯眼，加工得都十分精细，形状规整，结构科学”（朱筱新《文物讲读历史》）。

图1-7为河姆渡遗址杆栏式建筑复原图。其卯榫结构有阶梯榫、燕尾榫、馒头榫、企口榫多种形式（见图1-8）。而这些难度相当大的工艺制作，靠的就是当时出土的工具——石斧、石锛、石锲、石凿、角凿、木棒、木槌等，展示出我们先人的艰辛劳动与高超智慧。

图1-7　河姆渡遗址杆栏式建筑复原图

（引自朱筱新《文物讲读历史》）

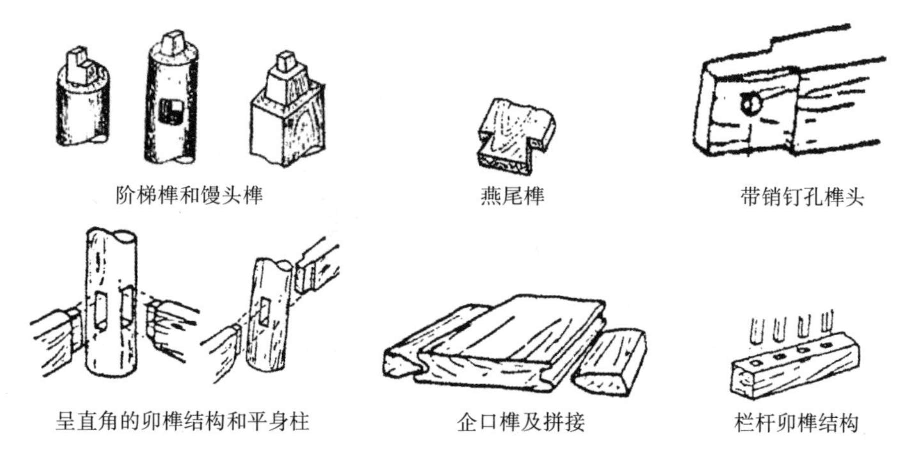

图1-8　河姆渡遗址杆栏式建筑卯榫结构复原图

（引自朱筱新《文物讲读历史》）

从以上三处建筑遗址情况可以看出，我国新石器时期建筑已比较成熟，木构件卯榫结构已被使用。虽然河姆渡遗址没有发现家具遗物，但可以得出结论，同样以木料卯榫结构为主的家具已具备了生成的条件。

在河姆渡遗址，“在遗址的第三、四文化层中，特别是杆栏式建筑基址的周围，以及一些灰坑的底部，曾发现百件苇编（即苇席）的残片和遗迹。小的只有巴掌大小，最大的有一平方米以上……采用竖经横纬的方法，依次编制，编织成的苇席经纬垂直相交，或成斜纹，或成人字纹”。“仰韶文化许多遗址的文化遗存中，都能见到竹和芦苇编制的遗迹。编制的方法也很多，主要有经纬编织法、辫结法、缠结法等，纹样有十字纹、斜行纹、格子纹、棋盘纹等”（朱筱新《文物讲读历史》）。

综上所述，作为家具的苇席、竹席，这一历史时期已经出现，被先人用于生活中。图 1-9 为苇席。

图 1-9 苇席

（引自国家博物馆《文物史前史》）

山西襄汾的龙山文化陶寺遗址，随葬品十分丰富。其中有彩绘陶器与木器，玉或石制的磬、钺、环、琮、梳，以及其他装饰品、整猪骨骼等，数量多达一二百件。张长寿的《陶寺遗址的发现和夏文化的探索》一文中写道：“陶寺大型墓中的木器木胎都已朽没，只是由于其上的彩绘，始得加以剔剥并识别其器形，现在已知的木器器形有案、几、俎、匣、盘、豆、仓形器以及鼓等”。可惜的是，一般人看不到这些家具实物，只有考古工作者能一睹它们的容颜。

以上考古资料说明，我国家具不仅席在新石器时期已经使用，就是木制家具案、几、俎等，最晚也起源于新石器时期的龙山文化时期。席、案、几、俎等是我国家具的始祖，佐证了我国家具在这时期或更早就已经出现。

至于其他种类家具，新石器时期是否存在，至今尚未发现遗物，不敢妄下结论。我国家具多以木料为原料，因木料易于腐烂，也可能那时其他类型家具也已存在，只是泯灭了踪迹而已。

家具的风格样式取决于地理条件、气候条件、资源条件、生产力水平、民风民俗等诸多因素。它随着生产力的发展而发展，随着生产工具的改进而改进，随着物质生活水平的提高而提高，随着人类审美意识的变化而变化。家具的最原始功能只是满足人类生活的需求。随着人类社会的发展、生产工艺的进步、物质水平的提高，便有了审美功能的需求，家具便成为它的载体。家具的发展由无到有，由简单到复杂，由结构不合理到科学合理，由低级到高级，由种类少到种类多，由实用性到兼有审美性，是一个漫长发展的过程。家具具有时代性、地方性、民族性、艺术性。它是时代的产物，随时代的发展而发展；它是人类生活水平的一把尺子，随着生活水平的不断提高而提高；它是人类美学意识的一面镜子，从中能看出人类美学意识的发展变化。

我国家具发展分两个大的历史时期，第一个时期是席地而坐矮型家具时期，这个时期历史很长，从新石器时期开始，直到宋代才算结束。第二个时期是垂足而坐高型家具时期，自魏晋南北朝始，直到宋代才算取得统治地位。

公元前 16 世纪的商周时期，甲骨文中已有“席”的象形字出现。商周墓葬还出土了木质、铜质、石质的“俎”、“禁”与“甗”的明器实物。但由于当时生产力低下，人们席地而坐，家具体量不大，品种较少，加之家具材料以木质为主，保存下来很不容易，所以对这一时期所掌握的家具相关资料比较有限。

到了汉代，我国建筑业有了长足发展，随之而来的是家具的进步与繁荣。我国古代流行“侍死如侍生”的厚葬习俗，它为研究古代家具提供了重要的渠道。到目前为止，我国古墓发掘家具资料，汉代占据首位，汉墓出土的文物最多。从汉墓出土的家具实物、汉明器、汉墓壁画、汉画像砖及画像石上的家具形象来看，这时家具品种增多，制作工艺大大提高，髹漆家具达到了巅峰。可以说汉代是我国封建社会家具的第一个繁荣期。

魏晋南北朝时期，西域文化与佛教文化传入我国，高型坐具开始出现，席地而坐习俗开始受到冲击，垂足而坐习俗逐渐流行。西域传来的胡床及佛教文化中的椅、凳、墩开始出现，但高型家具仅限于上层社会，为数较少。自此开始了矮型家具与高型家具并存的局面。

唐代席地而坐与垂足而坐习俗仍同时存在。唐代是我国封建社会家具的第二个繁荣期，此时的家具造型出现新风貌，装饰、雕饰兴起，并向着肥壮、华丽方向发展，同时又有新的家具形式出现，月牙椅、月牙凳、玫瑰椅为典型代表。

自宋代起，垂足而坐习俗基本成为社会主流，家具结构、造型有了新的发展。此时的高型家具品种增多，并一改唐代的浑厚、富丽风格，向挺秀、简洁的方向发展，成为明代家具的前奏。

明代是我国家具的成熟期，品种完备，形式多样，结构合理，风格鲜明突出，遗世作品丰富，不仅在我国，即使在世界上也享有盛誉。

清代康熙前期家具风格基本承袭明式风格。雍正、乾隆至嘉庆初年，家具风格发生了巨大变化，一改明式的简洁、挺秀风格，向宽厚、敦实、富丽、豪华的方向发展，形成特有的清代家具风格。嘉庆至清末，由于西方资本主义的入侵，封建经济受到严重破坏，西方文化侵入中国，传统的家具业走向衰落。

本书把重点放在明清家具上，因为无论是影视拍摄、现代家装还是鉴赏收藏，这一历史时期的家具应用最多。

第二章　夏、商、周、春秋战国时期家具

第一节　夏、商、周时期家具

公元前21世纪，夏朝建立，标志着原始社会解体，奴隶社会开始。夏朝不仅农业得到发展，而且出现了冶铜业。到了商朝，冶铜业得到进一步发展。周代，青铜制造业达到全盛时期，周代天子和所封的大小诸侯国都设有铜器作坊，铜器品种、产量与质量都得到大大提高。我国现已出土数以万计的青铜器，如制作工具已有了针、锥、斧、锯、刀、钻、凿、铲等；生活日用器具有鼎、尊、爵、觚、盉、卣、盂、壶等。手工业除冶金外，还有木器、玉器、陶器、纺织、皮革、土木营造等，出现了“百工”称谓。从这一时期考古中还发现了俎、禁、甗等青铜器，它们是后世几、案、桌、凳、箱、柜的始祖。

这一时期的家具品种不多，结构简单，构件只是大的体面关系，没有小的变化装饰。但从四代俎比较来看，构件在增加，结构趋向合理，造型日趋美观。从现已出土的家具明器来看，家具的体表已采用雕刻、漆绘画等装饰手法，图案有夔龙纹、饕餮纹、蝉纹、斧纹、几何纹等。

龙是中华民族所崇拜的图腾，一直延续至今。龙的形象不同历史时期各不相同，红山文化中的龙，样式像只虫，这一历史时期的龙纹，头部眼睛凸出，有角，张着大口，身体蜷曲，细尾。到后来逐渐发展完善，成为鳄首、鹿角、马耳、蛇身、鱼鳞、鹰爪等动物的综合体，还有夔龙、螭龙、草龙等不同类型。

饕餮纹，是一种兽头形象。两眼圆瞪，鼻翼翻翘，口大如盆，獠牙利齿。蝉纹，蝉在古代被人们崇尚，它象征身居高位，名声远震，廉洁自律，绵延

万代。斧纹，斧是一种兵器，体沉刃利，是威严、神圣、权力的象征。

一、席

第一章已经提到，在新石器时期，席已出现。席是家具中最早出现的品种之一。席的产生有三个因素：（1）它是生活必需品，人们当时无论是狩猎、采摘、耕种，劳累一天总需休息，土地潮湿，需用东西铺垫，开始只是用茅草、树的枝叶、兽皮等物，后来便学会了用芦苇、蒲草、莞草、竹等植物编织成席，既实用又美观；（2）制作工具简单，技术并不复杂，操作容易，甚至不用工具，用双手也能把芦苇劈开，一根根纵横编织，或斜向人字形编织就能成席；（3）材料丰富，无论北方或南方，只要有水的地方就有芦苇、蒲草等植物。由于这三个条件，席子成为家具中出现最早的品类之一，席地而坐的习俗也由此形成。商朝甲骨文中的“席”字，就是席实物的象形字。图 2-1 是甲骨文中的“席”字，为人字纹。

图 2-2 是甲骨文中的“宿”字，它也是个象形字，一个人跽坐在席上。甲骨文中的这两个字都间接佐证了夏商时期或夏商之前，已有了人工编织的家具“席”。

图 2-1　甲骨文中的“席”字

图 2-2　甲骨文中的“宿”字

古代席分为大小两种，大者称“筵”，小者称“席”。筵，铺满整个地面，日式榻榻米就相当于我国古代的筵。席是一种面积小的坐具，相当于后世的坐垫，坐时临时铺在筵上，不用时再收拾起来。筵席在古代占有十分重要的位置，那时，席不仅仅是家中的坐卧具，而且是衡量房屋面积大小的量具位。“一席之地”的成语就是由此而来的，还有“坐席”“筵席”“赴筵”都是由席演化而来。席地而坐的习俗一直到宋代才完成它的历史使命。

席的使用在古代有严格的等级区分，无论席的材质、席的装饰与使用，都有严格的规定。席，作为坐卧具延续了数千年，至今一些偏远的农村还在使用。

二、床

这一时期考古尚未发现床的实物，但甲骨文、金文中已有床的象形文字。在图 2-3 中，“床”字表示房屋中间摆放着一张床，床的结构有床面和矮足。在图 2-4 中，“床”字表示为一个人躺在床上休息，结构与图 2-3 大致相同。

图 2-3　甲骨文中的“床”字

图 2-4　金文中的“床”字

三、案

第一章已经讲述，案在新石器时期已经出现。案在古籍中已有记载，《周礼注疏》中记载“王大旅上帝，则设毡、案……”这说明当时在招待贵客时，为表示尊重，地上铺毡，面前置案，案上陈放酒器、食具，款待客人。

四、俎

俎，属于祭祀使用的一种礼器。古人信奉天地，信奉神灵，信奉祖先，依据不同节气、节日进行祭祀，祭品为牲畜（牺牲）、谷物等。俎就是用来宰杀牲畜和陈放加工后的牲畜的器具。至今偏远农村过年杀猪，还在使用相似器具。俎，既有古籍记载又有出土实物，不同历史时期俎的样式不同，称呼也不同。下面是古籍《三礼图》中不同历史时期不同名称俎的形象。

（一）四代俎

四代俎，即虞、夏、殷、周四个历史时期的俎。图 2-5 名梡俎。孔疏云：

“虞俎名梡，梡形，足四，如案。俎长二尺四寸，广二尺，高一尺，漆两端赤，中央黑。”此俎由俎面与四根垂直腿组成，结构简单。图 2-6 名嶡俎。孔疏云：“以有虞氏商质，但始有四足，以夏时渐文，嶡虽似梡，而增其横木为距于足中也。”此俎名嶡，基本与梡俎相同，只是腿间增加了撑（距），比梡俎更牢固些。图 2-7 名椇俎。案旧《图》云：“椇，殷俎也。椇，读曰矩。曲桡其足。”椇俎与梡俎和嶡俎的不同之处，腿部有了侧角，造型上变化较大。图 2-8 名房俎。《明堂位》曰：“周以房俎。”房俎左右各两根弯腿，其下带拖泥。它们的共同特点是由支撑的四条腿和俎面组成。

图 2-5　梡俎
（引自《三礼图》）

图 2-6　嶡俎
（引自《三礼图》）

图 2-7　椇俎
（引自《三礼图》）

图 2-8　房俎
（引自《三礼图》）

从以上不同历史时期不同名称的四种俎的造型与结构来看，随着历史的发展，构件越来越多，结构越来越复杂，造型越来越美观，这也是其他类型家具发展变化的规律。

虽然虞、夏、商、周四代俎的名称不同，正如案旧《图》云：“然则四代之俎，其间虽有小异，高下长短尺寸漆饰并存。”

目前没有出土当时案的实物，但案同俎的形象应基本相同。因祭祀所供奉使用的器物与食物是从生活中选取的，所以可以判断，祭祀用的俎就是生活中案的翻版。俎与案为同一器物，只是用途不同，名称各异而已。

（二）板式足青铜俎

图 2-9 是辽宁义县商墓出土的一件商朝青铜俎，俎面似簸箕，板式腿，腿间有壶门圈口，板腿上饰以雷纹与饕餮纹。此俎有可能是用来陈放或供奉加工后牺牲用的器具。从此俎造型来看，当时的冶铜业、铸造业已具有相当高的水平。

图 2-9　板式足青铜俎

（引自柏德元、谢崇桥、陈同友《红木家具投资收藏入门》）

（三）青铜蝉纹俎

图 2-10 是一件商朝青铜蝉纹俎。其俎面狭长，中间微凹，周边饰以蝉纹，两端饰以夔纹，左右各有一板式立腿，且饰以饕餮纹和蝉纹。

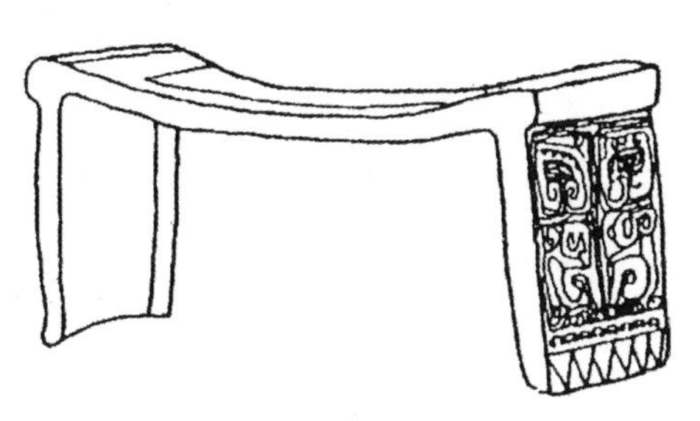

图 2-10　青铜蝉纹俎

（引自胡文彦《中国家具鉴定与欣赏》）

（四）漆俎

图 2-11 是长安张家坡西周墓出土的一件漆俎。俎面为长方形，较厚，上

面大，下面小，四足呈长方形，通体暗褐色，镶嵌着各种图案的贝壳，具有一定的装饰性。它是我国目前出土的最早的一件漆器，也是我国一件最早的螺钿镶嵌作品。

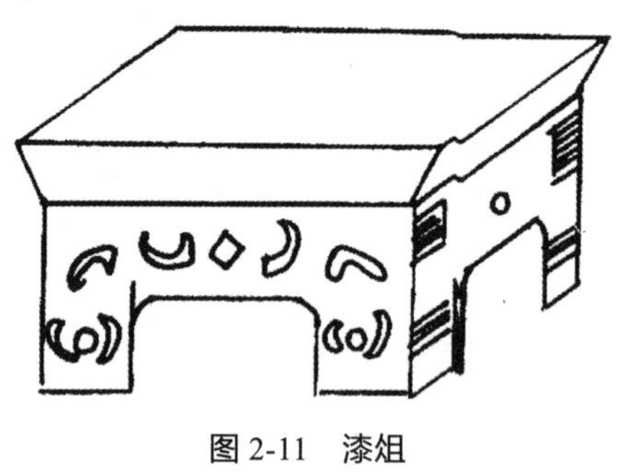

图 2-11 漆俎
（引自胡文彦《中国家具鉴定与欣赏》）

（五）石俎

图 2-12 是一件石俎，由河南安阳大司空村商墓出土。俎面为长方形，有凹槽，左右腿间形成方形圈口，前后腿间形成凸形圈口，四条腿看面雕有漂亮的图案。

图 2-12 石俎
（引自《考古》1964 年第 8 期）

从以上各个俎的造型来看，可以发现两个问题：一是当时先人们在设计与制作家具时，不仅从使用功能上考虑，而且兼从美学角度考虑，注意了家具的装饰功能；二是它们的造型、结构与后世的案、桌、几非常相似，说明它们是案、桌、几的始祖，后者皆由它们衍生演变而来。

五、禁

禁是商周时期的一种祭祀礼器，是用于放置酒器的一种器具。

图 2-13 是一件铜禁，收藏于天津历史博物馆。长方形，前后各有两行十六个长孔，左右各四个长孔，每面四周雕饰有龙纹，上面有三个圆洞。

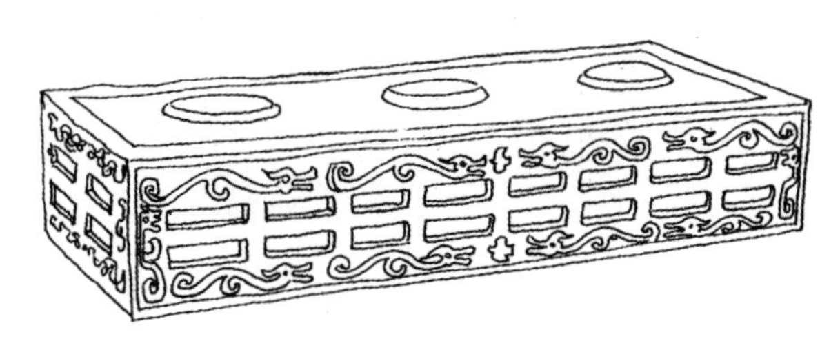

图 2-13　铜禁之一

（引自天津历史博物馆藏）

图 2-14 是宝鸡商墓出土的铜禁，造型与前者基本相同。长方形，前后各有八个长方形孔，左右各有两个长方形孔，四面雕有夔纹、蝉纹。

从以上两个铜禁造型来看，其整体造型像个箱子，可以判断后世箱柜类家具是由它们演变而来的。

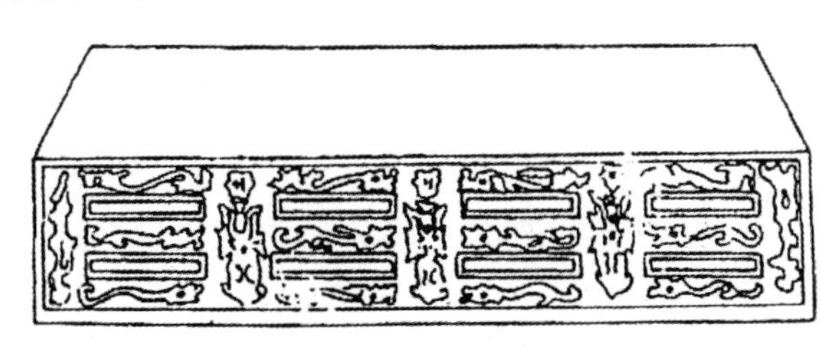

图 2-14　铜禁之二

（引自胡文彦《中国家具鉴定与欣赏》）

六、甗

甗是一种蒸煮食物的炊具。

图 2-15 是河南安阳殷墟妇好墓出土的一件铜制三联甗，此甗由甑和鬲组合而成。甑是古代一种蒸饭用的陶器，此三个甑完全相同，敞口敛腹，双耳呈牛首形，底部有三个扇形孔；鬲原是一种陶制炊具，圆形，圆口，三个空心足。此甗上面是三个圆形的甑，甑体上雕有纹饰，下面是一个长方形的鬲，鬲的四面上也雕有蝉纹、几何纹图案。两者组合在一起，可以同时蒸煮不同的食物。

图 2-15　甂

（引自朱筱新《文物讲读历史》）

七、扆

扆，或写作“黼扆”，在周代，它是一种礼器，是王者权力的象征。古籍《司几筵》云：“凡大朝觐、大飨射，凡封国、命诸侯，王位设黼扆。”扆汉代以后称作屏风，它由扆框、扆心与腿足组成。它是在红色帛地上绘黑白斧图形。旧《图》云：“从广八尺，画斧无柄，设而不用之意。”图 2-16 是古籍《三礼图》中所画扆的形象。

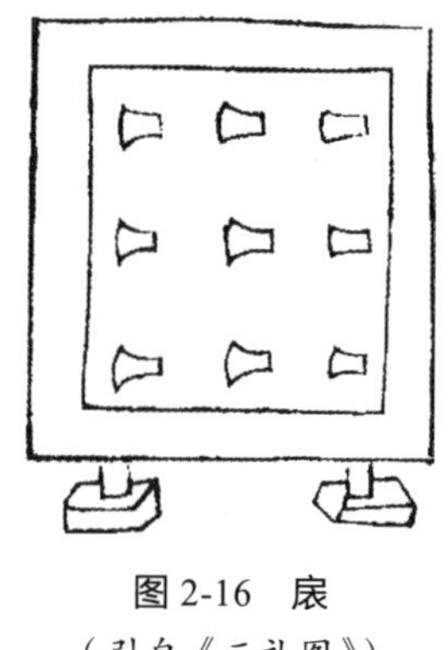

图 2-16　扆

（引自《三礼图》）

八、几

几与案，没有截然区别，案面相对宽些，几面相对窄些。古代几有两种，一种是放置物品的几，另一种称凭几。凭几是我国席地而坐时期特有的一种器具，那时人们跽坐或盘坐在席或榻上，将几放在身前或身后，两臂凭依其上，可减轻疲劳。凭几造型有两种：一种放在身前凭依，几面多为长方形；一种放在身后倚靠，几面多为马蹄形。

古籍阮氏《图》曰：“几长五尺，高二尺，广二尺，两端赤，中央黑漆。”此几造型、结构与前面的俎没有原则上的区别。图 2-17 是《三礼图》中五种几的形象，其实五种几造型上没有大的区别。

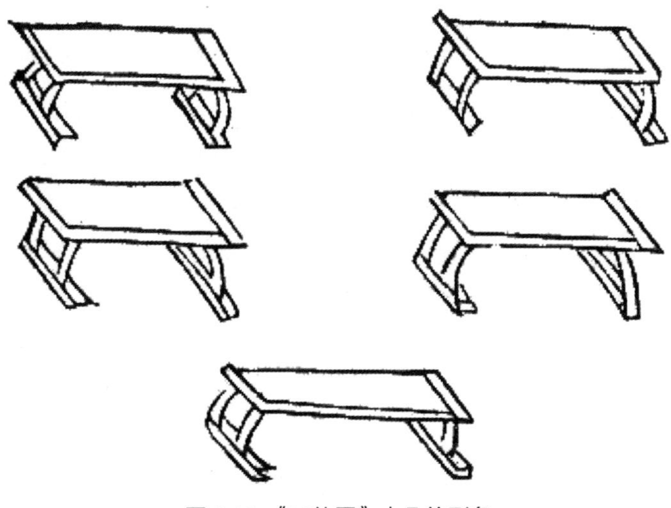

图 2-17 《三礼图》中几的形象

第二节　春秋战国时期家具

春秋战国时期是我国从奴隶社会向封建社会过渡的一个社会历史转变时期。从奴隶到自由民，生产积极性被激发，生产力得到解放，加上铁器工具的出现，如斧、锯、铲、钻等工具的应用，推动了建筑业、家具业的发展。《周礼·考工记》记载了“木工分七部，金工分六部，皮革分五部，陶工分四部”。所谓“木工分七部”，指当时木工已有建筑行、家具行、车船行、盆桶行、农具行、棺椁行和乐器行。这一时期建筑业发展很快，建筑形制已基本形成。陕西岐山凤雏村的西周遗址，已是一座相当完整的四合院建筑。当时的统治者为了享乐，兴建了大量的高台宫殿，梁架结构中的斗拱已经使用。建筑业的发展促进了家具业的兴旺，家具制作业到春秋战国时期有了新的成就，出现了髹漆与绘漆工艺。常以黑漆做底，红漆描绘图案，造成色彩绚丽、光灿夺目的艺术效果，同时家具的使用寿命得以延长。

著名的木匠公输般（鲁班）相传就是这时期的人，具有相当高的技术，被后世称为木工师祖。《鲁班经》一书记载了三十多种家具造型、结构及尺度。

这一时期考古所出土的家具品种增多，除俎、案、禁、甗外，床、几、箱、屏风等家具及家具明器也有出土。特别是河南信阳长台关战国墓出土的围栏木大床，它不是一般的明器家具模型，而是一张实实在在的、原汁原味的木床实体。就现今考古发掘来看，它是后世木床的始祖。

青铜器制造业在这一历史时期得到广泛发展，铸造技术、雕刻艺术相当高超。河南淅川楚令尹子庚墓出土的铜禁，堪称一绝。髹漆技术、彩画艺术都成为当时家具装饰的重要元素。

一、彩漆木床

图2-18是河南信阳长台关战国墓出土的木床，长212厘米，宽139厘米，足高19厘米，通高51厘米。床屉下有六个雕刻云纹的矮足，四面有围栏，前后留有上下的床门，通体髹漆彩绘，还有铜质包脚。此床尺度适中，结构合理，简洁实用。但它与后世的床相比较，无论腿足还是围栏，都比较低矮。它是先民由睡卧在地上到睡卧到床上的过渡阶段的产物，是我国目前所发现最早的木床。

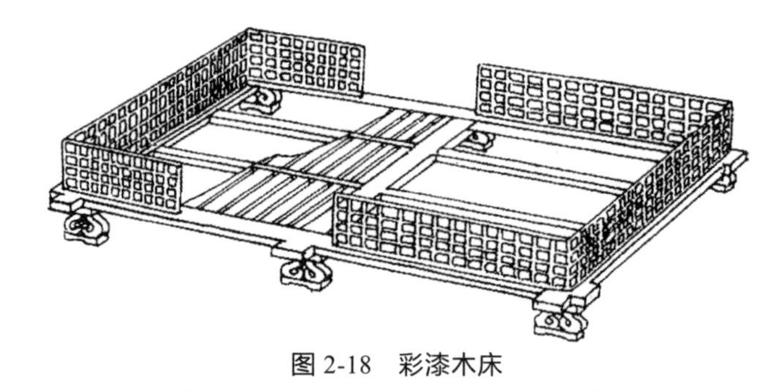

图2-18　彩漆木床

（引自胡文彦《中国家具鉴定与欣赏》）

二、俎

（一）漆木俎

图2-19是山东海阳县嘴子前春秋墓出土的一件木俎。俎面微凹，前后圈

口呈“凸”字形，红地，黑色回龙纹，造型敦实厚重。

图 2-19 漆木俎
（引自马良民、林仙庭《山东海阳县嘴子前春秋墓试析》）

（二）几何纹漆俎

图 2-20 是河南信阳战国墓出土的漆俎明器，木质制作，长 24.5 厘米，高 14.4 厘米，俎面厚重，两端向内斜削，板状腿，下部分叉。俎面四周与俎身绘有几何纹图案，造型古朴美观。

（三）带拖泥漆俎

图 2-21 是湖北随县曾侯乙墓出土的髹黑漆俎，左右各有两根向背的曲腿，各坐落在中间呈拱形的拖泥上。俎面平直，与曲形俎腿搭配，造成稳重中不失活泼的艺术效果。

图 2-20 几何纹漆俎
（引自胡文彦《中国家具鉴定与欣赏》）

图 2-21 带拖泥漆俎
（选自胡文彦《中国家具鉴定与欣赏》）

（四）四腿铜俎

图 2-22 是寿州战国墓出土的一件铜俎，四腿上宽下窄，俎面微凹，上有四个十字形孔。此俎造型颇似后世条凳。

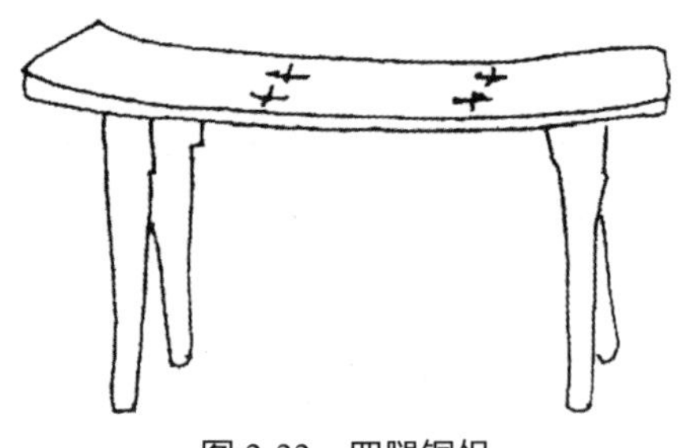

图 2-22 四腿铜俎

（选自胡文彦《中国家具鉴定与欣赏》）

三、案与几

（一）案

案与俎应属结构相同的家具，都是由案面和腿足组成，只是用途不一，俎用于祭祀，案在生活中使用。案是这一时期出土的家具新品种，且以漆案居多。案有带腿和不带腿两种，案面有矩形、圆形、异型三种，案沿有平直和带拦水线两种。

1. 带拖泥漆案

图 2-23 是湖北随县战国曾侯乙墓出土的漆案。案面仍保持《三礼图》中“中间黑两边赤”漆饰的处理方法。案腿设计精巧，两边各有三根腿，中间一根似倒立的笔端，前后两根雕成相背的雀鸟，均坐落在拖泥上。此案设计重视造型装饰，雀鸟形象生动可爱。

图 2-23 带拖泥漆案

（引自柏德元、谢崇桥、陈同友《红木家具投资收藏入门》）

2. 矮足漆案

图 2-24 是河南信阳战国墓出土的矮足漆案，长 150 厘米，宽 72 厘米，通高 12.4 厘米，厚 4 厘米。案面有拦水边，四个铜足上面安装四个铜铺首，四角镶铜饰，通身彩绘，图案非常精美。

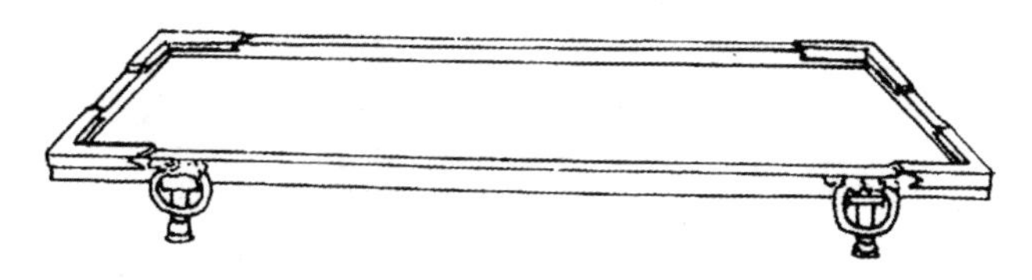

图 2-24　矮足漆案

（引自阮长江《中国历代家具图录大全》）

3. 食案

图 2-25 是长沙南郊黄土岭出土的楚案。足很短，有拦水边，髹黑漆。其是用来盛放食物的器具，类似后世托盘。

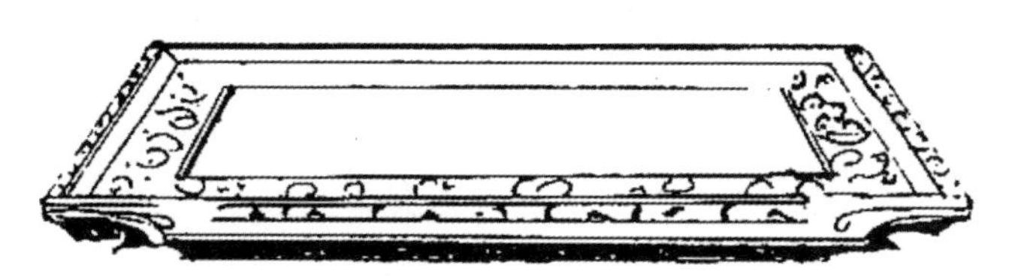

图 2-25　食案

（引自胡文彦《中国家具鉴定与欣赏》

4. 雕花大木案

图 2-26 是河南信阳战国墓出土的雕花大木案。案面微凹，两端似枕，雕刻花纹，花纹组合有序，线条流畅，刀工精熟，两边各有四根腿，腿上宽下窄，各坐落在拖泥上。案面与腿的比例关系，已接近高型家具，它不仅有使用价值，而且有很强的观赏价值。

图 2-26　雕花大木案

（引自胡文彦《中国家具鉴定与欣赏》）

5. 铜案

图 2-27 是新疆伊犁地区出土的春秋战国案，铜质，长方形，案面上下两层，且呈凹槽状，腿折 90° 成两个看面，足呈兽蹄形。此种案具有西北少数民族色彩。

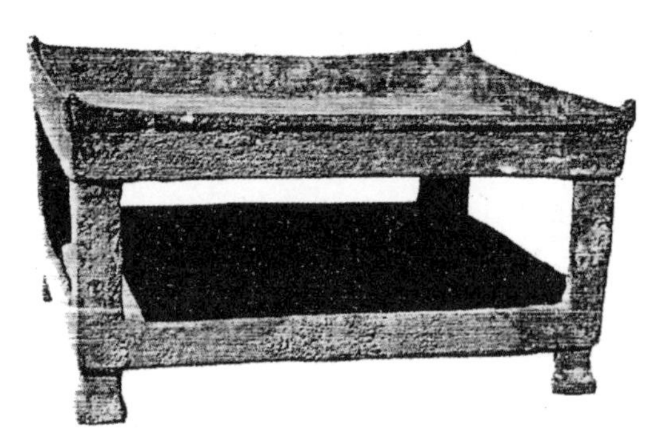

图 2-27　铜案
（引自《文博》1985 年第 6 期）

6. 陶三足案

图 2-28 是江苏宜兴周墓墩古墓出土的、似为仿青铜盘形制的陶盘，为食器或水器。案面呈圆形，平直，无口缘，盘内髹红漆，三只兽足。

图 2-28　陶三足案
（引自《文物参考资料》1953 年第 8 期）

（二）几

几有两种，一种用以陈放物品，一般几面呈长方形；另一种称凭几，是放在身前或身后作凭依使用，几面呈马蹄形。古籍《器物丛》中“几，案属，长五尺，高二寸，广一尺，两端赤，中央黑”；“古老坐必设几，所以依凭之具。然非尊者不之设，所以示优宠也，其来古矣”。这两段文字说明了几的属性、尺度、漆饰，功能，以及几的使用有老幼、尊卑之分。

1. 凭几

图 2-29 是浙江安吉五福出土的战国末至西汉时期的凭几，跪坐时用于凭依。几面微下凹，兽形腿，两足各坐落在拱形座墩上，通体漆饰。

图 2-29　凭几

（引自国家文物局《2007 中国重要考古发现》）

2. 漆木几

图 2-30 是湖南常德德山楚墓出土的木几，木胎髹黑漆，长 88 厘米，宽 16.4 厘米，高 34 厘米。几面微凹，两端厚似枕，两边各三根腿，两侧腿下部外撇，中间腿垂直，各坐落在拱形拖泥上。此几属于身前凭几。

图 2-30　漆木几

（引自《考古》1963 年第 9 期）

3. 板式几

图 2-31 是湖北随县战国曾乙侯墓出土的漆几，侧立呈“工”字形，由三块板组成，两个立面里面黑漆，外面黑漆几何纹，横板两侧绘云纹。这种几既可放在身前凭依，又可在横板上放置物品，一物两用。

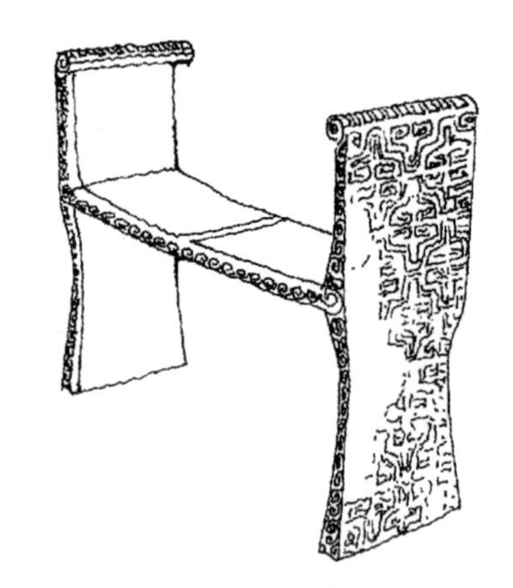

图 2-31 板式几
（引自胡文彦《中国家具鉴定与欣赏》）

四、禁与箱

（一）龙虎铜禁

图 2-32 是一件春秋时期的铜禁，由河南淅川楚令尹子庚墓出土。长 107 厘米，宽 47 厘米，通高 28 厘米。禁身饰有 12 只虎，有 10 只矮足，亦为虎形，禁的边缘与侧面饰以相互缠绕的蟠螭。造型奇异，纹理精细，工艺精湛。

图 2-32 铜禁
（引自《中华文明先秦史》）

（二）箱

箱是用来盛放衣服或其他物品的器具，一般由箱身与箱盖组成。图 2-33

是湖北随县曾侯乙墓出土的彩绘衣箱。箱呈扁形长方体，箱盖隆起，盖与箱身四角皆有把手。黑漆绘有人物、鸟兽、天文等图案，精美实用。

图 2-33　漆箱

（引自谭维四《战国王陵曾侯乙墓》）

五、屏风

图 2-34 是湖北江陵望山 1 号墓出土的一件彩漆木雕小座屏，长 51.8 厘米，高 15 厘米，应是当时的一件漆雕装饰品。通体用红、黄、褐、绿、蓝、黑、白等多色彩漆，雕刻有凤、雀、鹿、蛇等大小不同动物，做工精美，造型生动自然。

图 2-34　彩漆木雕小座屏

（引自李希凡《中华艺术通史》）

第三章　秦汉、三国时期家具

秦灭六国后，建立了强大的中央集权的封建制国家，由于历史短暂，至今还没发现秦朝家具遗迹。

汉代是我国封建社会政治、经济、文化发展的第一个高潮时期，也是一个厚葬之风鼎盛时期。“侍死如侍生”，对待死去的人，死后如同在世一样对待，人死以后将他生前用过的、喜欢的东西一起下葬。秦朝之前，特别是奴隶社会，这种厚葬之风十分盛行，陪葬物包括侍从、车马等。秦朝以后见不到随葬人马现象，但金器、玉器、酒具、食具等仍是主要随葬品。大量的汉墓壁画、画像砖、画像石、汉明器出土，为我们提供了当时上层社会生活、家庭生活丰富的历史资料。

汉代起居方式仍是席地而坐，但开始向床上坐卧演变，出现了榻。这一时期家具类型有席、床、榻、几、案、屏风、柜、橱等。

汉代上层社会的厅堂，常常设置幄帐，借以避风、防寒、承尘。这是一种别具特色的家具，幄帐的帐本身就是带有铜饰、漂亮的铜制艺术品。

汉代漆器在春秋战国漆器的基础上得到了进一步的发展，无论原料品质还是漆器工艺都达到一个新的顶峰。

我国出土了大量汉代的屏风、灯具，其品种繁多，工艺水平极高。

一、幄帐、承尘、壁翣

（一）幄帐

汉代，特别是南方，建筑物的门窗一般只是门洞或窗洞，即使有窗棂，也没有纸或玻璃。为防止风寒，保暖起见，上层社会厅堂往往设置一种幄帐，其造型类似四阿式小屋，它由帐与帐幔组成。《释床帐》中记述：“小帐曰斗帐，形如覆斗也。”图 3-1 中上图是帐的形象，实际就是幄帐的架构，一般为铜质，长方形，下面有底框，底框四角立柱，顶着上框，每柱上端两面各加一根斜撑，与上框相连，借以加固整体的稳定性。再往上便是一个四坡顶，类似建筑上的正脊、戗脊与檐椽。这些构件做工精细，往往雕有各种花饰。图 3-1 中下图是幄帐安装帐幔后的外观造型。

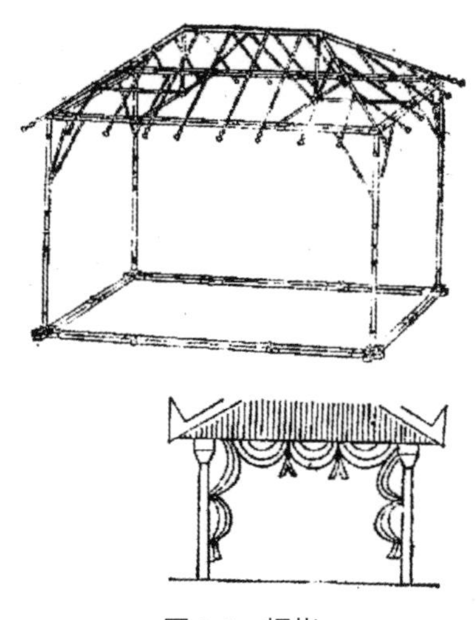

图 3-1　幄帐

（引自孙机《汉代物质文化资料图说》）

图 3-2 是河南东村汉墓壁画中的宴饮图，男女主人分坐在幄帐里左右。帐外左右有男女侍从，帐前几案上摆放食物，案前放着酒樽。此图真实反映出汉代上层社会府邸幄帐陈设及丰盛的宴饮情景。

图 3-2　幄帐宴饮图

（引自朱筱新《文物讲读历史》）

（二）承尘

汉代建筑尚无平棋或后世天花板之类装修，为防止灰尘沾染，常在屋顶吊一方框，并附以帐幔，人们称之为承尘（见图 3-3）。承尘既可用以防尘，又是一种装饰物。

图 3-3　承尘

（引自孙机《汉代物质文化资料图说》）

（三）壁翣

图 3-4 是帐幔、承尘上的装饰物——壁翣。壁翣一般由各种造型的玉雕品与丝绳编织的各种造型组成，是当时流行的装饰物。

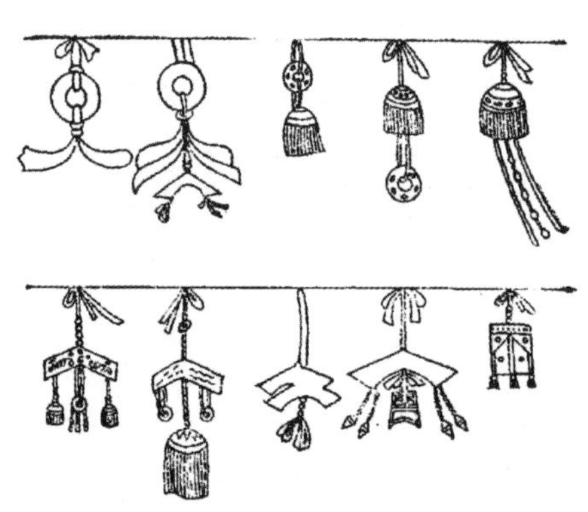

图 3-4　壁翣

（引自孙机《汉代物质文化资料图说》）

二、席、镇、榻、床

（一）席

席一般由芦苇、蒲草、莞草编制而成。汉代作为坐卧具用席，一般四周都要用布、锦等织物缝成“席缘”，既起加固作用又起装饰作用。汉代席有单人席、双人席和多人席多种规格。以宗法制为核心的封建社会，席的规格和使用有着严格的规定。讲究君臣、尊卑、主宾、长幼之别。不同地位、不同等级、不同年龄的人，席的用料、装饰、做工，以及席所摆放的位置各不相同。现在日本、韩国仍保留着席地而坐的习俗。

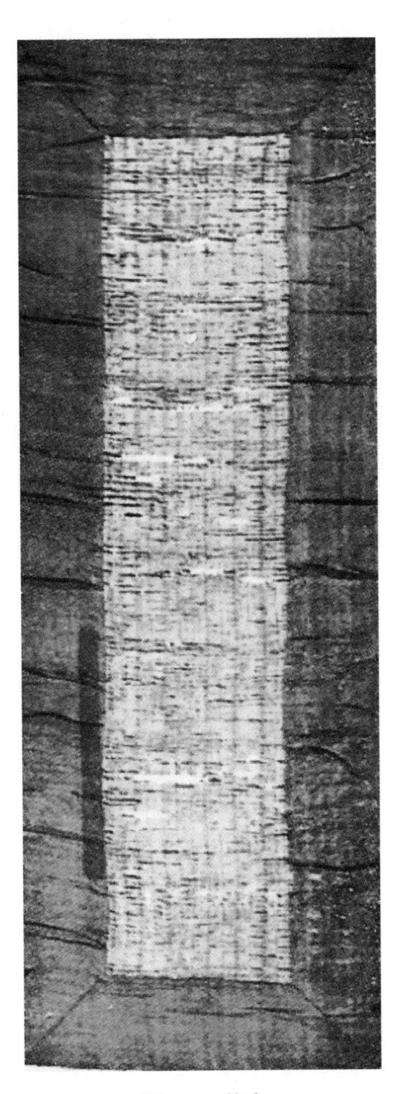

图 3-5　莞席

（引自胡文彦《中国家具鉴定与欣赏》）

1. 莞席

图 3-5 是湖南长沙马王堆汉墓出土的莞席。席的四周包有锦缘，它由 53 根麻线为经、莞草为纬编成。根据长宽比例来看，它应是一张两人席。

2. 双人席与三人席

图 3-6 是汉画像石上坐席情况。两人或三人坐在同一张席上，席前有案、酒樽，人们边谈边饮，反映出当时社会的宴饮情景。

3. 连席

图 3-7 是山东沂南出土的汉画像砖上乐队坐在席上演奏的情景。按与人的比例来看，席的尺寸为长约 250 厘米，宽 60 厘米，席缘宽约 10 厘米。五位乐师坐在一张长席上吹奏乐器。

图 3-6　双人席与多人席

（引自胡文彦《中国家具鉴定与欣赏》）

图 3-7　连席

（引自孙机《汉代物质文化资料图说》）

（二）镇

汉代室内地面铺设筵席。为防止筵席的四角起翘，上层社会往往在席的四角各放置一个“镇”。东汉王逸注曰：“以白玉镇坐席也。”镇，常常用玉石、琥珀、鎏金、铜等贵重材料制作，以俯、卧动物形象为题材，如虎、豹、鹿、熊、蛇、龟等。镇既有功能作用又有装饰作用，其体量在 5 至 10 厘米。图 3-8 是河北省博物馆展出的两个铜镇，豹子盘卧，头部斜仰，形象十分可爱。

图 3-8　金银错镇

（引自河北省博物院收藏）

（三）榻

汉代床与榻没有截然区别，均为坐卧具。榻体量较小，床体量较大，故有“三尺五曰榻，八尺曰床”的记载。

1. 独坐榻

图 3-9 是河北望都汉墓壁画上独坐榻的形象。两人各坐在一张独榻上，旁边摆放着酒具。榻的结构很简单，由榻面与四个足组成。根据与人的比例判断，此榻面长约 70 厘米，宽约 60 厘米，高约 10 厘米。

图 3-9　独坐榻

（引自胡文彦《中国家具鉴定与欣赏》）

2. 带几榻

图 3-10 是江苏铜山红楼村汉墓画像石上的独榻形象。一人坐在榻上，背后倚靠着凭几，榻与凭几成组使用。

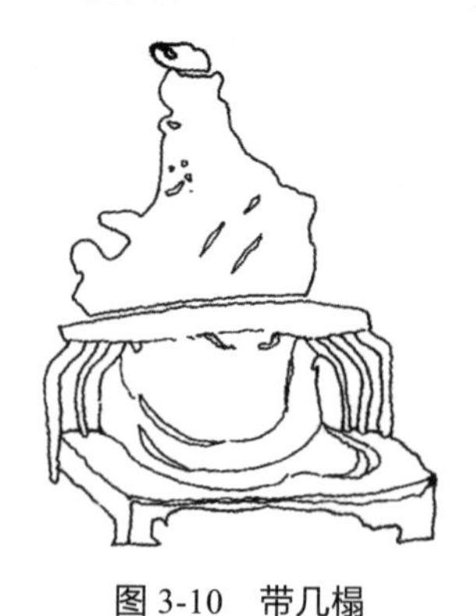

图 3-10 带几榻

（引自阮长江《中国历代家具图录大全》）

3. 承尘下坐榻

图 3-11 是辽阳棒台子汉墓上的壁画，承尘下两人并坐在独坐榻上，两榻之间置一案，案上放有食物，两人边吃边谈。榻面与腿间装有波纹形牙头。

图 3-11 承尘下坐榻

（引自徐光冀、汤池、秦大树等《中国出土壁画全集》）

4. 双人榻

图 3-12 是洛阳汉代彩画《夫妇宴饮图》中双人榻形象。榻的四角安装矮足，足与榻面之间装有牙头。榻前放置一张曲足案，案上陈放食物，两人边饮边谈，榻前一侍从正在用勺从圆案上的酒樽里取酒。

图 3-12　双人榻

（引自朱筱新《文物讲读历史》）

（四）双扇屏大床

图 3-13 是山东安丘汉墓画像石上的双扇屏大床。后面扆上附装剑架，床面与足之间有花牙承托。主人手持便面（扇）凭依在几上，反映出墓主人生前生活情景。

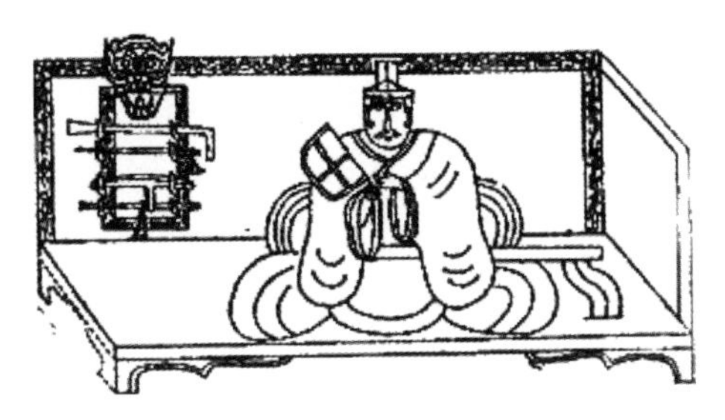

图 3-13　双扇屏大床

（引自孙机《汉代物质文化资料图说》）

三、案与几

（一）案

从汉墓出土的案明器实物来看，案由木质、铜质、陶质等材料制成，造型有长方形、圆形和异型多种样式。有的没有腿足，只一个案面，有的有腿足，但很矮，高在 10 厘米左右。

1. 陶案

图 3-14 是甘肃武威磨嘴子汉墓出土的矮腿陶案，通体漆褐色。案面长方形，四周有拦水边，腿足短矮，形似兽足。

图 3-14　陶案
（引自王炜林《考古与文物》）

2. 方腿圆足案

图 3-15 是重庆云阳佘家嘴汉墓出土案，陶质，长方形。案面有拦水边，方形短腿，粗壮，足部雕成圆形。

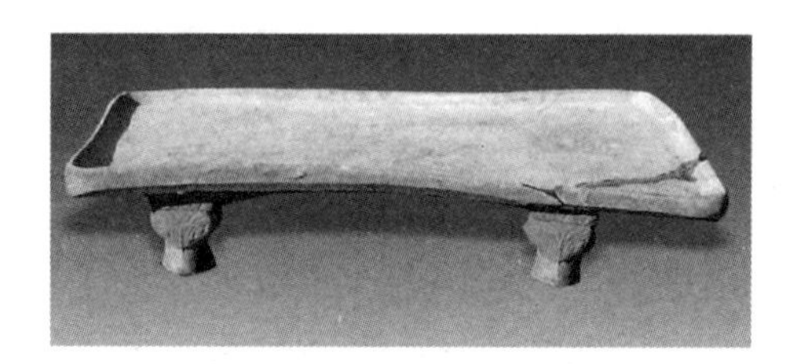

图 3-15　方腿圆足案
（引自重庆市文物局，重庆市移民局《重庆库区考古报告集 2002 卷 • 下》）

3. 蹄足案

图 3-16 是河南济源桐花沟汉墓出土的木案，长 46 厘米，宽 31.5 厘米，高 8 厘米。面以阴刻长方形为饰，蹄形足。

图 3-16　蹄足案
（引自《考古》2000 年第 2 期）

4. 食案

图 3-17 是湖南长沙马王堆一号汉墓出土的漆案，长方形，四周有拦水

边，其下四角有曲尺形矮足。这是一种食案。

图 3-17　食案

（引自傅举有《马王堆汉墓不朽之谜》）

5. 无足方案

图 3-18 是郑州密县后土郭汉墓出土的无足案，长 62 厘米，宽 40 厘米，高 1.5 厘米。案的四周向上微凸，红地黑纹彩绘。案面用黑线界出三组花纹，最里层绘细线云纹；中间绘粗线云纹，鸟、兽图形散布其中；外层绘水纹。成语“举案齐眉”，应指的就是这种案，它是后世托盘的始祖。

图 3-18　无足方案

（引自《华夏考古》1987 年第 2 期）

6. 兽足漆案

图 3-19 是江苏盱眙东阳汉墓出土的漆案。案面长方形，四周有拦水边，案面中心朱绘卷云纹，外框朱色地绘卷云纹，案面边缘漆赭色地绘朱色几何纹，四根兽形腿足施褐色地绘弧纹。

7. 翘头案

图 3-20 是一张汉代翘头案。案面两端翘起，四角安装花牙矮足，是案的一种新样式，也是迄今为止发现的翘头案最早的一例。

图 3-19 兽足漆案
（引自《考古》1979 年第 5 期）

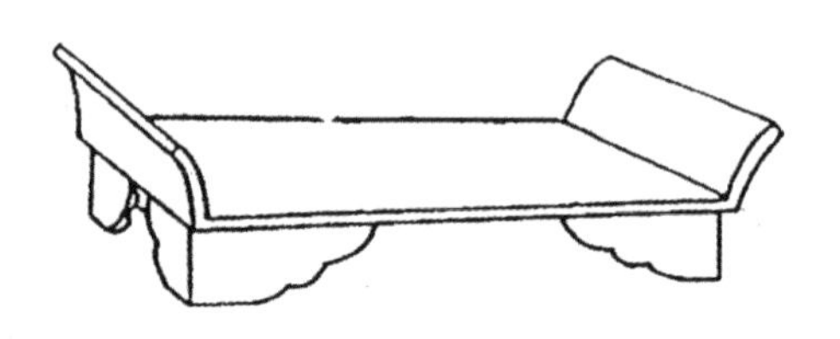

图 3-20 翘头案
（引自胡文彦《中国家具鉴定与欣赏》）

8. 两用漆案

图 3-21 是湖南长沙马王堆汉墓出土的漆案，长条形，左右各三根竹节形短腿，各坐落在壶门形拱托上。其左右内角各安装可以转动的长腿，造型与短腿相同，打开后便成为高式条案，折叠后便成为矮式条案，设计巧妙，色彩绚丽。两用漆案是我国目前汉墓出土的稀世珍品。

图 3-21 两用漆案
（引自傅举有《马王堆汉墓不朽之谜》）

9. 五重案（阁）

图 3-22 是四川彭州市出土的画像砖上的五重案的形象。《礼记 • 内则》郑

玄注所说："以板为之，食物之阁。"它用于厨房，此图案上好像放置着许多食物或碗盘。

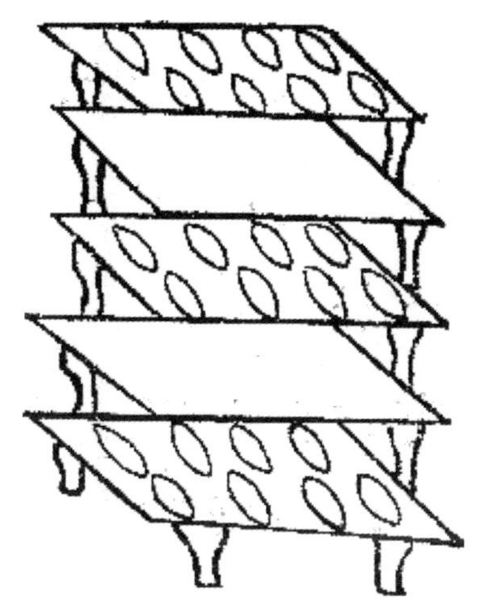

图 3-22　五重案（阁）

（引自胡文彦《中国家具鉴定与欣赏》）

10. 太阳纹案

图 3-23 是云南元江萨奎村出土的一件汉代案。铜质，案面为椭圆形，四周有拦水边，正中饰绳纹、菱形纹及太阳纹图案；四根圆形矮腿；案壁两端各饰两只小铃（现仅存一），案的两端装有直耳，耳上雕有一人一牛。

图 3-23　太阳纹案

（引自《上海博物馆集刊》第 9 期）

11. 陶圆案

图 3-24 是郑州密县厚土郭汉墓出土的圆形陶案，直径 37.5 厘米，足高 6 厘米，通高 8.8 厘米。沿部向上微翘，案面分三圈，绘红地黑纹，里圈绘云

纹；中间一圈绘珍禽异兽纹，部分脱落，仅辨出狼与鸟；外圈绘山字纹、三角纹；三只兽形足，亦绘云纹。

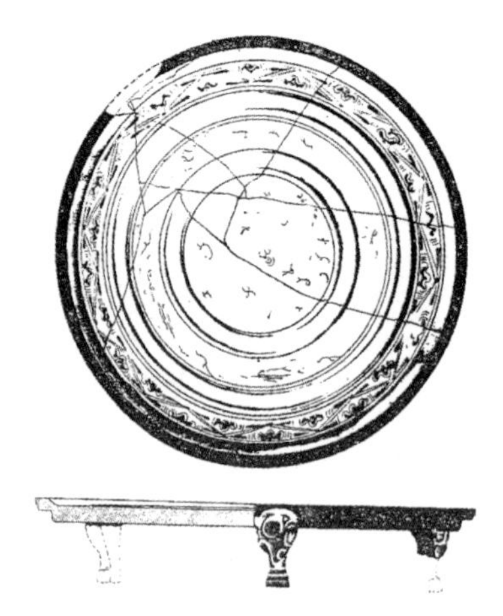

图 3-24 陶圆案

（引自《华夏考古》1987 年第 2 期）

12. 弧面旋纹案

图 3-25 是云南腾冲曲石出土的弧面旋纹案。铜质，案面中间窄，两端宽，呈弧形。其上有两组花纹，每组边缘为三角形齿纹，中间用直线分作六格，每格以旋纹、云纹相间。案下两侧各有栅栏形腿，其上布满斜线三角形纹。

图 3-25 弧面旋纹案

（引自《上海博物馆集刊》第 9 期）

13. 牛虎铜案

图 3-26 是云南江川李家山出土的西汉古滇国牛虎铜案，长 76 厘米，高 43 厘米。它由一只虎和一大一小两只牛组成。大牛的背部作案面，四条牛腿

作案腿，一只虎口叼牛尾，两只前爪抓住牛的臀部，两只后爪蹬着牛腿；一头小牛横藏在大牛腹下。一根横梁将大牛、小牛连接在一起。构思奇妙，造型具有强烈的震撼力。此案应为祭祀时陈放供品用的，相当于俎，其装饰功能大于使用功能。

图 3-26　牛虎铜案
（引自《上海博物馆集刊》第 9 期）

14. 错金四龙四凤方案

图 3-27 是河北省满城中山国刘胜墓出土的错金方案。案座呈圆形，四个方向各有一只鹿倚靠，四条盘曲的飞龙，头通过枋、斗拱顶着方形案面四个角，四条飞龙之间又有四只小鸟展翅飞翔。案面可能是木质，已腐烂，不复存在。此案设计奇妙，铸造工艺复杂，制作精细，是稀世珍品。

图 3-27　错金四龙四凤方案
（引自河北省博物院收藏）

（二）几

这一时期出土的几，除凭几外，多为陈放物品用的几。

1. 漆凭几

图 3-28 是湖南长沙马王堆一号墓出土的凭几。几面梭形，中间微凹，两腿上粗下细，上端弯曲，几面两端黑地用红色与灰绿色绘花纹，上下两面绘云纹，几腿绘几何纹。

图 3-28　漆凭几

（引自胡文彦《中国家具鉴定与欣赏》）

2. 曲足几

图 3-29 是甘肃武威汉墓出土的木几。几面平直，左右各有三条曲腿，侧角较大，足下有拖泥，它是一种既可凭依又可摆放物品的家具。

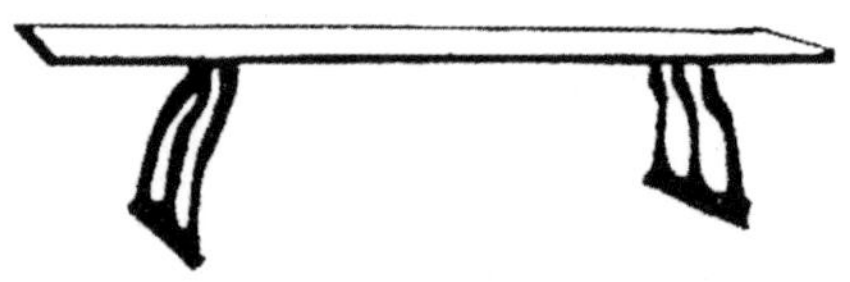

图 3-29　曲足几

（引自胡文彦《中国家具鉴定与欣赏》

3. 龙形曲足几

图 3-30 是一款龙形曲足几。几面平直，左右各安装四条几腿，侧角明显，每根几腿上部圆雕下俯龙头，口含几腿，其下有云纹拖泥承托。此几造型轻巧，创意新颖。

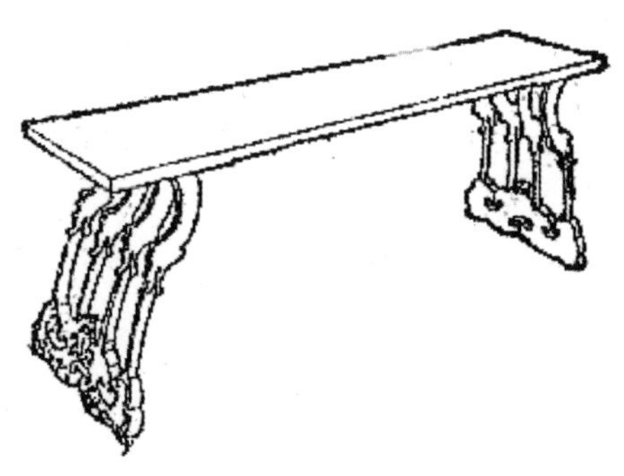

图 3-30　龙形曲足几

（引自孙机《汉代物质文化资料图说》）

4. 波浪形曲足几

图 3-31 是一款汉代曲足几。几面有拦水边，三弯腿，其下波浪形拖泥承托。

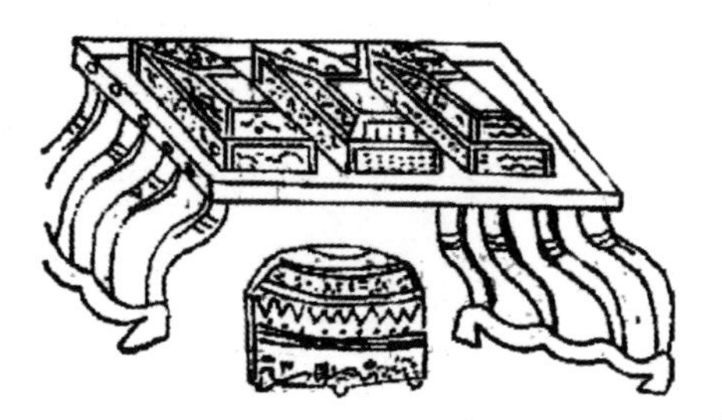

图 3-31　波浪形曲足几

（引自孙机《汉代物质文化资料图说》）

5. 重几

图 3-32 是山东沂南汉墓出土的一款重几。底层与图 3-30 所示波浪形曲足几无异，上层几面小于下层几面，四根直腿安装于下层几面上。两层几面皆放置有奁、盒等物品。

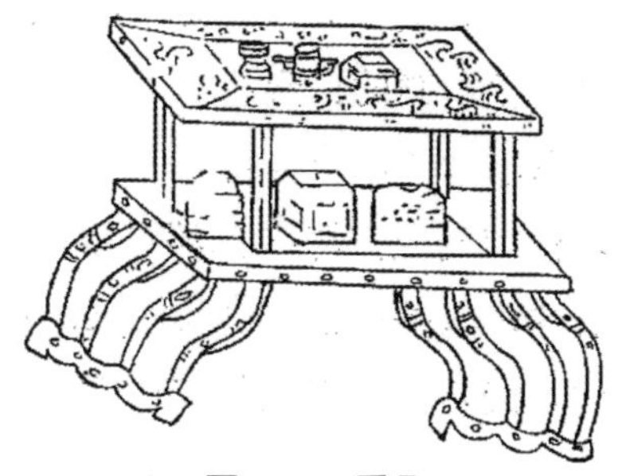

图 3-32　重几

（引自孙机《汉代物质文化资料图说》）

四、柜

柜是盛放物品的器具，也是这一时期发现的家具新品种。图 3-33 是河南陕县汉墓出土的釉陶柜。长方形，有四足，顶部有盖，并有暗锁、乳钉，后世衣箱是由它演化而来的。

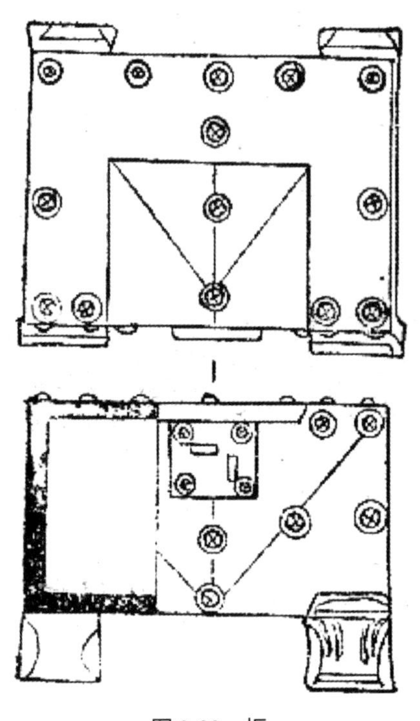

图 3-33 柜

（引自孙机《汉代物质文化资料图说》）

五、屏风

汉墓出土了大量屏风，它是当时社会上流行的一种大体量家具。

汉代屏风分立屏与折屏两种，立屏只有一扇，折屏为双数，多为 4、6、8、10、12 扇。屏风由屏体与屏座组成。屏体四周由木料做成框，中间镶板或蒙丝织物，在上面用漆彩绘云气、几何图案等纹饰。屏座用木料、石料或金属制成。

汉代帝王宫廷、贵族豪宅屏风，常用琉璃、云母、玉石等珍贵材料，

（一）八扇折屏

图 3-34 是湖南长沙马王堆西汉南越王墓出土的八扇折屏。迎面四扇，左右各两扇，呈厅堂状。中间两扇是门，底部低，较突出，可开合。下部为铜质蛇纹底座，顶饰兽首，且装有鸟羽。整个造型华贵秀丽，光彩夺目，是我国出土的稀世珍品。图 3-35 是屏座装饰物，图 3-36 是屏冠装饰物。

图 3-34　八扇折屏

（引自麦英豪、王文建《西汉南越国寻踪》）

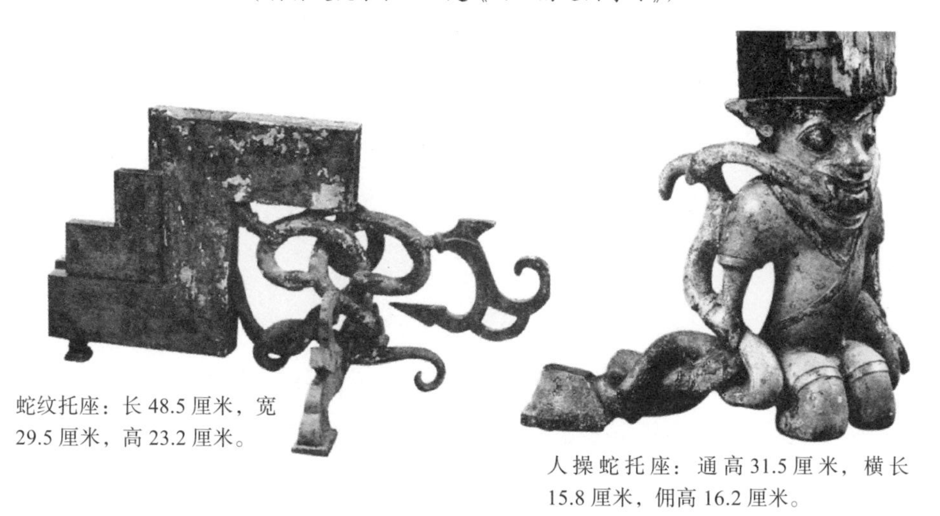

蛇纹托座：长 48.5 厘米，宽 29.5 厘米，高 23.2 厘米。

人操蛇托座：通高 31.5 厘米，横长 15.8 厘米，俑高 16.2 厘米。

图 3-35　屏座装饰物

（引自麦英豪、王文建《西汉南越国寻踪》）

朱雀顶饰：通高 26.4 厘米，双翅距 24.5 厘米。

兽首顶饰：高 17.5 厘米，宽 58.5 厘米，厚 4.5 厘米。

图 3-36　屏冠装饰物
（引自麦英豪、王文建《西汉南越国寻踪》）

（二）彩漆屏风

图 3-37 是湖南长沙马王堆汉墓出土的彩色座屏。长方形，有足座，通体彩绘，红漆地，浅绿彩绘，正中绘一古纹璧，几何纹围绕，周边黑漆地，红色菱纹图案。

图 3-37　彩漆屏风之一
（引自王友福《考古中国 110 年》）

图 3-38 是图 3-37 屏风的另一面。屏芯绘云龙纹，黑漆地，红、绿、灰三种油漆绘制，边缘菱形图案。此屏造型简洁，装饰典雅华丽。

图 3-38　彩漆屏风之二
（引自胡文彦《中国家具鉴定与欣赏》）

（三）玉雕座屏

图 3-39 是河北定县北陵头村汉墓出土的玉雕座屏。它由两块立着的玉板与上下横装着的两块玉板组成。通体透雕，神话题材和动物形象成为表现内容。上层横板雕“东王公盘腿高坐，左右两边各跪一妇女”图案；下层雕“王母娘娘，日月左右相照，两边各跪一妇女”图案；四周雕龟、蛇、熊动物图案。此屏小巧剔透，应为装饰品。

图 3-39　玉雕座屏
（引自汪小洋《汉墓绘画宗教思想研究》）

六、衣架、灯具、镜台

（一）衣架

衣架是搭放衣服的器具，一般由底座、立柱、搭脑、撑等构件组成。图3-40是汉墓出土的衣架，它由一根搭脑、一根横撑、两根立柱、两个底座组成。搭脑两端出头，两根立柱坐立在拱形墩座上，一根横撑将两柱连接在一起。此衣架是目前所发现的最早衣架，它的造型一直影响到明清两代。

（二）灯具

灯具是从食具中的豆演变而来。目前出土的汉代灯具种类繁多，有豆形灯、人形灯、动物形灯、多枝灯等。

1. 人形灯

图3-41是河北省博物院收藏的汉代人形灯，此灯为人形灯的一种，仕女左手扶着一盏灯，右手举着一盏灯。此灯设计巧妙，右面的灯由圆形灯座、两叉灯柱和圆形灯盏组成；左面的灯盏与灯柱通过女佣的形体将重量传导到方形底座。女佣两只手将两只灯组合在一起。设计者是从当时的等级社会生活中获取的创作灵感。

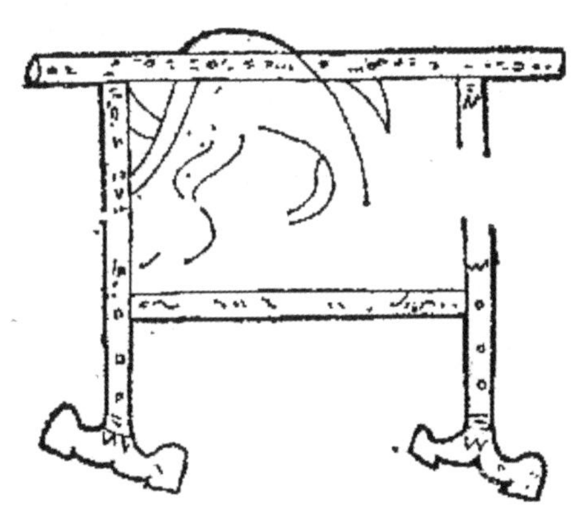

图3-40　衣架

（引自胡文彦《中国家具鉴定与欣赏》）

图3-41　人形灯

（引自河北省博物院收藏）

2. 人形座铜灯

图3-42是河南三门峡上村岭出土的铜灯。灯座是跽坐在席上的奴仆，双手各握着一个灯足，灯杆上部分成两个枝杈，支撑着灯盘。虽是一盏灯，但却体现出当时严格的等级色彩，表现出仆人对主人的恭敬。

3. 鎏金长信宫灯

图3-43是河北满城汉墓出土的鎏金灯，此灯为皇太后所居长信宫而得名。宫女双手持灯跽坐组成人形灯。宫女梳髻覆帼，着深衣，头微倾，她的姿态与神情完全符合她的身份地位，表现出对主人的毕恭毕敬。此灯具有调整照明方向与一定的消烟作用。宫女右袖与灯的烟道相连，灯体底部有大孔，能起调节气压的作用，设计十分科学。

图3-42　人形座铜灯
（引自河南博物院《走进博物馆：河南博物院》）

图3-43　鎏金长信宫灯
引自李希凡《中华艺术通史》）丛书

4. 多枝灯

多枝灯如同一颗多枝的树，灯盏层层叠叠，左右分错。夜间点燃后，光线四射，甚为好看，正是“火树银花不夜天”。

图 3-44 为多枝灯，此灯由灯座、灯架和 15 个灯盏组成。灯座为圆形，由三只双身虎承驮，由三条镂空夔龙组成，其上还有两个形态相同的人物，架枝上有猴、鸟、夔龙等动物，甚为可爱。此灯构思奇异，造型夺人。

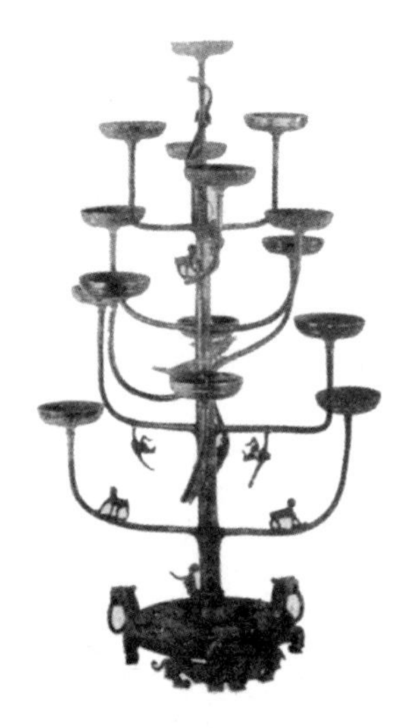

图 3-44　多枝灯
（引自河北省博物院收藏）

5. 鸟形灯

图 3-45 是河北满城汉墓出土的鸟形灯。灯座为海水江崖，一只凤鸟口衔圆形灯盏，构思巧妙，造型生动自然。

图 3-45　鸟形灯
（引自李希凡《中华艺术通史》）

（三）镜台

图 3-46 是河北省涿州出土的汉代明器陶制镜台，通高 114 厘米，由镜座、立柱、横梁组成。镜座近方形，长 24.6 厘米，宽 24.5 厘米，高 11.6 厘米，正中有一圆孔，立柱由上下两部分组成，下部呈矩形，中间空，有两个圆孔，上部亦呈矩形，其下部略收成榫，插入下部立柱内。立柱上部装有玦形镜托，托上放置一枚圆形陶镜，其直径为 16 厘米，厚为 1.7 厘米。柱顶端为一长方形横梁，横梁上有四个等距的圆孔，立柱背面正中有一个较大的圆孔，其左右两侧各有两个较小的圆孔。此镜根据需要可上下调整高度，设计奇巧，简洁实用。

图 3-46　镜台

（引自樊昌生《南方文物》）

第四章　三国、晋、南北朝时期家具

三国、晋、南北朝时期，战乱频繁，社会动荡，百姓流离失所，痛苦不堪。这为普度众生的佛教思想提供了生存土壤与发展空间，佛教寺院、佛教石窟兴建成风，佛事活动异常活跃。这一时期中外文化、各民族文化得到交流与发展，使民族文化得到大融合。高式家具如椅、凳、墩、胡床等传入我国，传统的席地而坐习俗慢慢地受到了外来文化的冲击，垂足而坐习俗开始出现在上层社会。

但从出土的文物中看，高式家具实物很少。从敦煌莫高窟、龙门石窟等壁画和石刻中，可以找到当时高式家具的图样。

这一时期床榻造型出现新的变化，腿足增高，出现了拖泥构件，慢慢演变成箱式床榻。并且床上开始使用架子、幔帐、围屏，为架子床的形成奠定了基础。

这一时期家具座面与腿之间出现了壶门造型及牙板、牙头等构件，一直传承到明清家具。

一、榻、床

（一）榻

1. 带拖泥独榻

图 4-1 是敦煌壁画中的独榻形象，六根腿，腿下带拖泥。从画面人与榻的比例来看，榻的高度得在 1 米左右，生活中不可能有这么高。这是画者出于对佛或是对修行者的崇拜，有意加大榻的高度，以显示佛或修行者的伟大。

2. 带牙条大榻

图 4-2 是太原市王家峰村北齐徐显秀墓出土的壁画，刻画的是一对夫妻并坐在榻上的情境。此榻体量较大，根据画面比例来看，床长 2 米左右，高约 50 厘米。足向左右伸展，与其下拖泥相交，六根腿，前后形成四个圈口，左右各一个圈口，圈口上面有齿形牙条。这是在前朝榻的基础上的发展创新。

图 4-1　带拖泥独榻

（引自段文杰《中国壁画全集》）

图 4-2　带牙条大榻

（引自徐光冀、汤池、秦大树等《中国出土壁画全集》）

3. 箱式独榻

图 4-3 是顾恺之的《洛神赋图》中的独榻形象。这是在带拖泥独榻和带牙条大榻的基础上发展起来的独榻的一种新样式，造型像个箱子，箱体周围镂出灵芝形空洞。此榻较之前者，结构更复杂，装饰更美观，视觉更富丽端重。

图 4-3　箱式独榻

（引自李希凡《中华艺术通史》）

4. 箱型床榻

图 4-4 是《北齐校书图》中的一张箱型床榻。榻体量比以往加大，四面镂出壶门空洞。

图 4-4　箱型床榻
（引自美国波士顿博物馆藏）

5. 架子榻

图 4-5 是天龙山石窟北魏石刻上榻的形象。榻腿内勾脚，榻面上立四柱，柱支撑着顶，顶上有火焰形装饰，并挂有幔帐。它应是后世架子床的先驱。

（二）带屏床

图 4-6 是东晋画家顾恺之的《女史箴图》中的一张床。它由两部分组成，主体是一张四面带屏风的床，两端各两扇，前后各四扇，前中间两扇可开启，下面床体雕有壶门形象，上有幔帐，床前放置一张可供就座的榻案。此床无论造型、结构都已发展得很成熟，整体组合科学、舒适、高雅，达到了相当高的科学艺术水平。

图 4-5　架子榻

（引自胡文彦《中国家具鉴定与欣赏》）

图 4-6　带屏床

（引自胡文彦《中国家具鉴定与欣赏》）

二、案、几

（一）案

1. 带托泥瓷案

图 4-7 是南京上坊孙吴贵族墓出土的六朝明器。一人坐在独榻上，榻前放置一张案，榻的腿部只露出局部，似带牙头；瓷案，案面平素，左右腿侧角明显，腿下有托泥承托。此图反映出当时家具的陈设方式，案与榻常常配套使用。

图 4-7　带托泥瓷案
（引自国家文物局《中国重要考古发现》）

2. 弧形腿案

图 4-8 是甘肃嘉峪关市新城魏晋六号墓壁画中案的形象。从图上看，此案与带拖泥瓷案造型接近，案面平直，栅栏腿，其下带拖泥。

图 4-8　弧形腿案
（引自徐光冀、汤池、秦大树等《中国出土壁画全集》）

3. 长案

图 4-9 是晋画《女史箴图》中的长案形象。案面狭长平素，左右各有五根弧形腿，腿下带有拖泥。

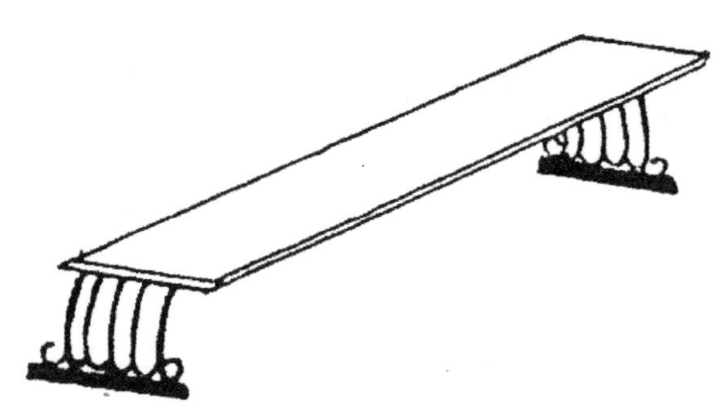

图 4-9　长案
（引自胡文彦《中国家具鉴定与欣赏》）

（二）几

1. 凭几

图 4-10 是南京童家山南朝墓出土的陶制凭几。泥质黑陶，高 17.2 厘米，长 40 厘米，几面弧形，由三根曲形腿支撑，外翻蹄形足。这是凭几中的新品种，更适于背后凭依。

2. 陶几

图 4-11 是南京六朝墓出土的陶几，长 106.4 厘米，宽 24 厘米，高 19.3 厘米。几面平素，弧形栅栏腿，其下带拖泥。

图 4-10　凭几
（引自南京博物院《南京童家山南朝墓清理简报》）

图 4-11 陶几
（引自《文物参考资料》1955 年第 8 期）

3. 俎

图 4-12 是甘肃省嘉峪关市新城魏晋六号墓壁画中的俎的形象。此俎高 17.5 厘米，长 36.5 厘米，俎面平直，弧形腿，其下带拖泥。整个造型与这一时期的案没有大的区别。

图 4-12 俎
（引自徐光冀、汤池、秦大树等《中国出土壁画全集》）

三、椅、方凳、墩

（一）椅

1. 带脚踏的玫瑰椅

图 4-13 是敦煌 285 窟中壁画上的椅子形象。椅子结构不很清楚，靠背与扶手同高，且连在一起，接近玫瑰椅形象。椅前有足承，菩萨垂足而坐。

图 4-13　带脚踏的玫瑰椅

（引自胡文彦《中国家具鉴定与欣赏》）

2. 扶手椅

图 4-14 是敦煌 285 窟西魏壁画中的扶手椅。椅面横向窄，纵向宽，椅面高度较低，由绳编织成软垫，左右扶手前端与前腿连接，靠背较高，搭脑左右出头。这是我国目前为止所发现最早的扶手椅的图样资料。

图 4-14　扶手椅

（引自胡文彦《中国家具鉴定与欣赏》）

（二）方凳

图 4-15 是敦煌 257 窟北魏壁画中凳的形象。凳面方形，直腿，没有横撑，凳面出檐较大，造型与后世方凳基本相同。

图 4-15 方凳
（引自胡文彦《中国家具鉴定与欣赏》）

（三）墩

1. 竹墩

图 4-16 是龙门石窟莲花洞北魏壁画中墩的形象。此墩似束腰鼓，由竹编织而成。这是我国目前为止所发现最早的坐墩形象资料。

2. 藤环墩

图 4-17 是北周佛像所坐的墩。此墩较高，由藤编制而成，上下分三层，上下两层都是莲花瓣形，中间为环形图案。

图 4-16　竹墩

（引自胡文彦《中国家具鉴定与欣赏》）

图 4-17　藤环墩

（引自胡文彦《中国家具鉴定与欣赏》）

四、胡床

胡床为西域少数民族坐具，这一时期传入中原。其特点是可以折叠，携带方便。

（一）单人胡床

图 4-18 为《北齐校书图》中的胡床形象，与后世无异。

图 4-18　单人胡床

（引自胡文彦《中国家具鉴定与欣赏》）

（二）双人胡床

图 4-19 是敦煌 257 窟壁画中的双人胡床形象。此胡床长度如条凳，结构与单人胡床相同，后世少见。

图 4-19　双人胡床
（引自胡文彦《中国家具鉴定与欣赏》）

五、镜台

图 4-20 是东晋画家顾恺之的《女史箴图》局部，刻画了宫廷仕女梳妆情境。除装有化妆品的奁盒之外，其中的镜台是化妆时重要的用具。从画中可以看出，镜台由底部台座、灯杆、盒、圆镜组成，具有强烈的时代感。

图 4-20　镜台
（引自朱筱新《文物讲读历史》）

第五章　隋唐时期家具

第一节　隋代家具

公元 581 年，隋文帝结束了西晋末年以来 270 多年的分裂局面，统一了中国。但由于隋代历史很短，隋代的出土发掘家具资料与其他形式的家具资料也比较少。从目前掌握的资料来看，隋代家具风格基本是前代家具的延续，也有一些创新，如凭几和灯具的造型、结构也有新的创意。

一、榻

图 5-1 是山东嘉祥英山隋墓壁画《徐侍郎夫妇宴享行乐图》中的大榻。此榻与前朝箱式榻没有区别，基本是前朝的延续。

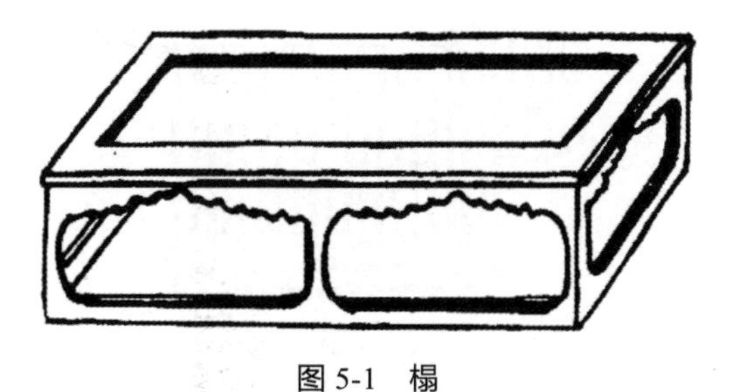

图 5-1　榻

（引自胡文彦《中国家具鉴定与欣赏》）

二、案、几

（一）案

1. 栅栏腿案

图 5-2 是河南安阳市隋墓出土的案的明器。案面为长方形，两端微翘，

顶端饰以乳钉，中部微凹（也可能烧制过程中变形），两腿侧角显明，且外侧雕出根根木条形状，似栅栏，通体淡青色釉。此案造型质朴，不失活泼。

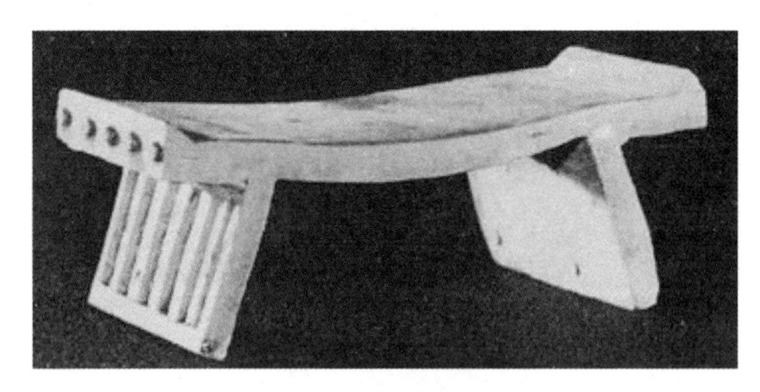

图 5-2 栅栏腿案

（引自《河南安阳市两座隋墓发掘报告》）

2. 瓷质翘头案

图 5-3 是河南安阳张盛墓出土的案的明器。此案瓷质，案面两端翘起，左右栅栏直腿。

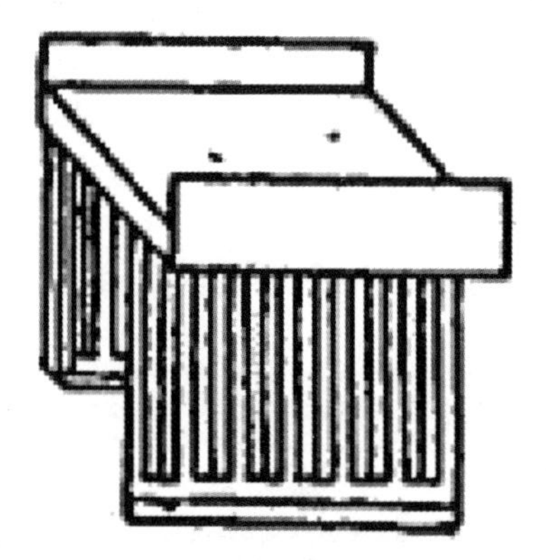

图 5-3 瓷质翘头案

（引自胡文彦《中国家具鉴定与欣赏》）

（二）几

1. 三足凭几

图 5-4 是河南安阳隋墓出土的凭几明器。几圈弧形，几面中间微凹，左右两坡，使圈面产生起伏变化，足端做龙首雕饰。比起前朝三足凭几，在装饰上有新的突破。

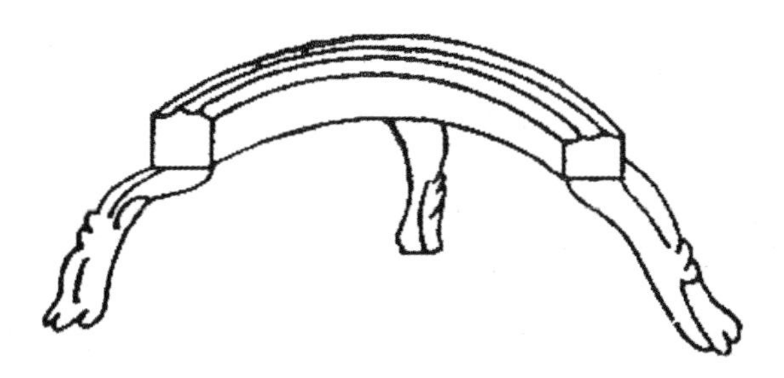

图 5-4　三足凭几
（引自胡文彦《中国家具鉴定与欣赏》）

2. 龙首凭几

图 5-5 是河南安阳隋墓出土的凭几。弧形几圈，两端圆雕龙首，三条腿座做马蹄形雕饰，通体施淡青色釉，清澈光亮。

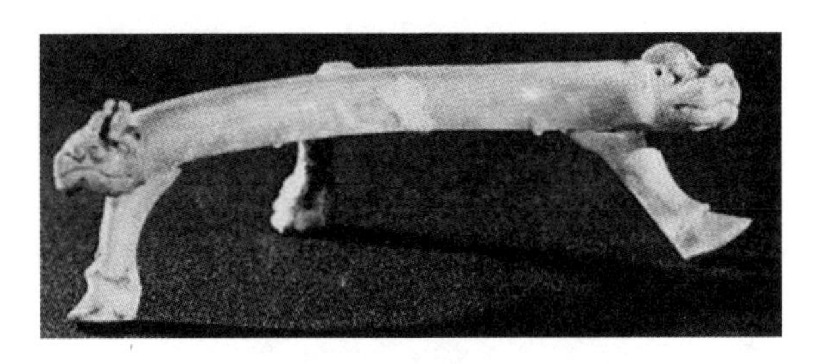

图 5-5　龙首凭几
（引自《考古》1992 年第 1 期）

3. 两足凭几

图 5-6 也是河南安阳隋墓出土的明器凭几。几面做法与前者相同，几腿造型别致，是此前未曾见过的样式。

图 5-6　两足凭几
（引自胡文彦《中国家具鉴定与欣赏》）

三、凳

图 5-7 是河南安阳张盛墓出土的瓷凳明器。凳面平直，中间边缘各有一个长方形孔，板式足。

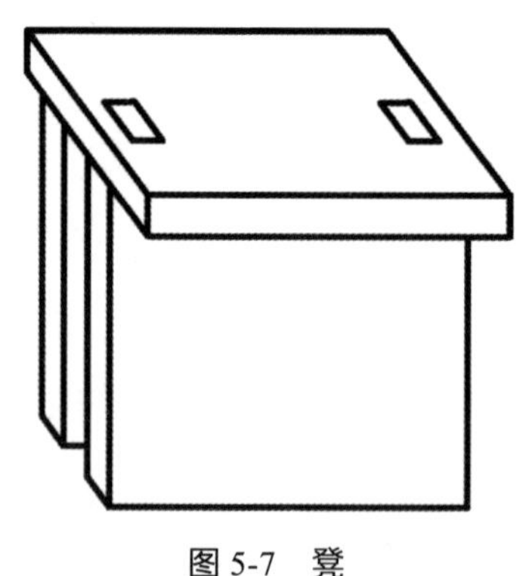

图 5-7　凳

（引自胡文彦《中国家具鉴定与欣赏》）

四、箱

图 5-8 是河南安阳隋墓出土的明器衣箱。此箱为长方形，有明锁，整个造型一直延续到后世。

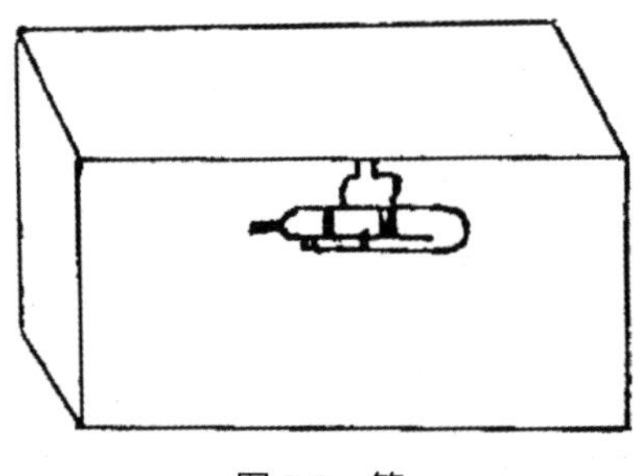

图 5-8　箱

（引自胡文彦《中国家具鉴定与欣赏》）

五、镜台、烛台

（一）镜台

图 5-9 是河南安阳张盛墓出土的镜台。其下有长方形底座，中间立塔形柱，柱的上部装一弧形横梁，用以安装圆镜。

（二）烛台

1. 十字形烛台

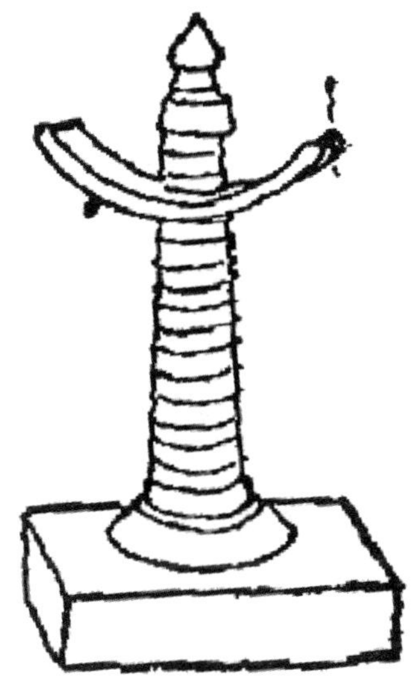
图 5-9　镜台
（引自樊昌生《南方文物》）

图 5-10 是河南安阳隋墓出土的烛台，青色釉，高 15.9 厘米，它由底座、灯柱和灯托三部分组成。底座由莲花覆盆与方形底盘合成，灯柱中间似带腰围，上部方形，顶着十字相交的栱，栱端上的升承托着十字枋，五个花形烛托分别安装在枋的交点及枋的两端上。此烛台整个造型仿古建筑柱头科样式，设计独特，造型生动。

2. 竹节形烛台

图 5-11 是河南安阳隋墓出土的烛台。其整体造型好似一个圆盘套在唢呐上，七对花形烛托用绳索缠绕在柱的两侧，使柱变成竹节形象。

图 5-10　十字形烛台
（引自《河南安阳市两座隋墓发掘报告》）

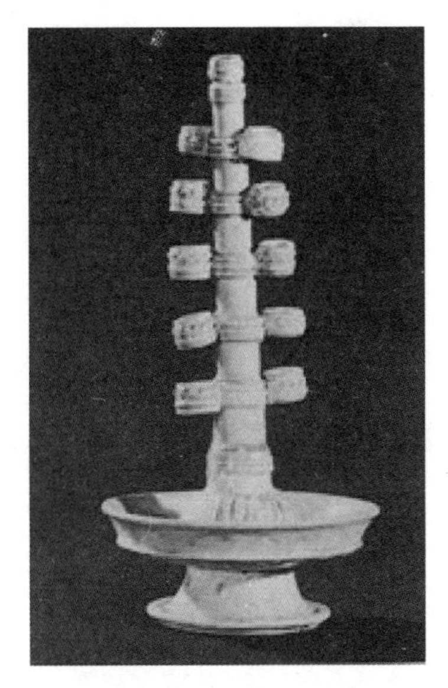
图 5-11　竹节形烛台
（引自《河南安阳市两座隋墓发掘报告》）

第二节　唐代家具

唐代是我国历史上最开放的时期，各民族文化、中外文化相互融合，成为中华文明历史长河中的一个光辉灿烂的文化时期。这一时期不仅农业得到大发展，而且手工业也达到一个新的高度。官方手工业组织庞大、分工细腻，民间手工业作坊也很活跃。经济的繁荣、文化的交流与思想的活跃，促进了城市建设的发展，唐代的城池、宫殿、苑囿、佛教建筑达到了前所未有的顶峰。由此促进了家具业的飞速发展与繁荣。

唐代是我国由席地而坐向垂足而坐习俗转变的时期。这一时期矮型家具与高型家具并存，高型家具在上层社会流行，敦煌壁画和唐代绘画为我们提供了不少唐代家具资料。从目前所掌握的资料来看，高型家具如床、榻、几、案、椅、凳、墩及高式几，都同时存在。唐代家具具有体态宽厚、浑圆端庄、装饰富丽豪华的艺术风格，与大唐盛世相协调。特别是月牙椅、月牙凳的造型，与使用它们的丰姿媚态的贵族妇人形象达到相得益彰的视觉效果。

一、榻、床

（一）榻

1. 铜坐榻

图 5-12 是山西平陆县出土的隋唐时期佛道铜造像，其底座反映了当时榻的形象。榻面平直，六根腿，足部向外撇，其下带拖泥。

图 5-12　铜坐榻

（引自《考古》1987 年第 1 期）

2. 箱式坐榻

图 5-13 是陕西富平出土的唐代明器——箱式坐榻。其长 26 厘米，宽 19.2 厘米，高 6.5 厘米。榻面布满了彩色云气图案，方腿内勾角，坐落在拖泥上，榻面下与腿间圈口装有锯齿牙条，整个样式像个箱子。此榻造型敦厚、华丽。

图 5-13　箱式坐榻

（引自李希凡《中华文明隋唐五代史》）

（二）床

1. 平台床

图 5-14 是唐画《习字图》中的平台床形象。其基本造型为魏晋前的矮型床样式，但装饰较多。床的立面、四腿、四角都做了花饰，使得老样式展现出新风格。

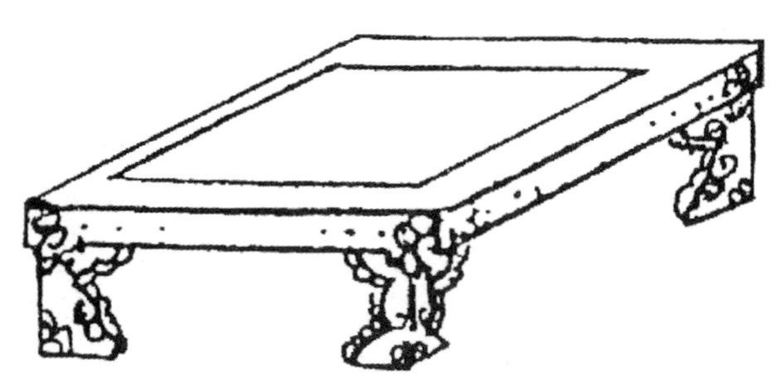

图 5-14　平台床

（引自胡文彦《中国家具鉴定与欣赏》）

2. 箱式床

图 5-15 是唐画《官乐图》的局部，后宫嫔妃围绕大床榻坐在坐凳上，吃喝畅谈，其乐融融。此床榻体量很大，造型为箱式，圈口上端装有锯齿牙条。

图 5-15　箱式床

（引自李希凡《中华艺术通史》）

3. 屏风床

图 5-16 是敦煌 217 窟壁画《得医图》中床的形象。床体似箱，床的后面带四扇屏，床体前镂出三个扁圆形做装饰。

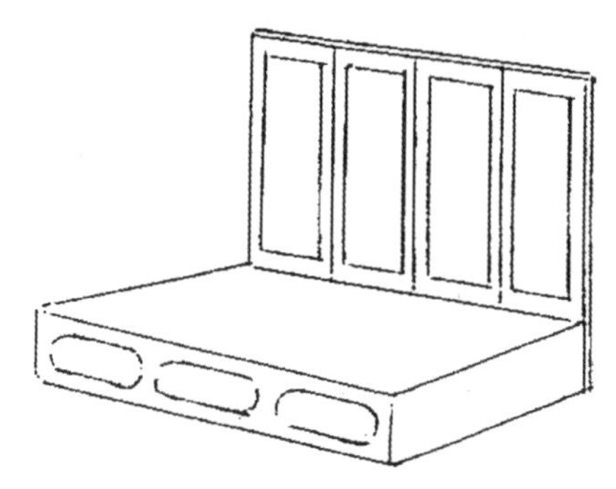

图 5-16　屏风床

（引自胡文彦《中国家具鉴定与欣赏》）

二、案、方桌、几

（一）案

1. 板足案

图 5-17 是四川万县（今重庆万州区）唐墓出土的青瓷案。案面周缘有拦水边，板足有收分、侧角。

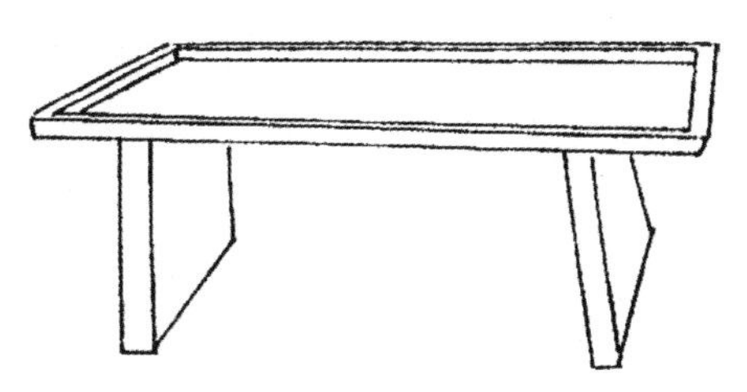

图 5-17　板足案

（引自胡文彦《中国家具鉴定与欣赏》）

2. 翘头案

图 5-18 是唐墓出土的陶案。其一端有翘头，另一端平直（或许原来也有翘头，后被损坏），栅栏式板腿。

图 5-18　翘头案

（引自胡文彦《中国家具鉴定与欣赏》）

3. 曲足香案

图 5-19 是西安法门寺地宫所藏的唐代香案。案面两端卷曲，板状腿呈“S”形，前后各有一条横条支撑左右板腿。

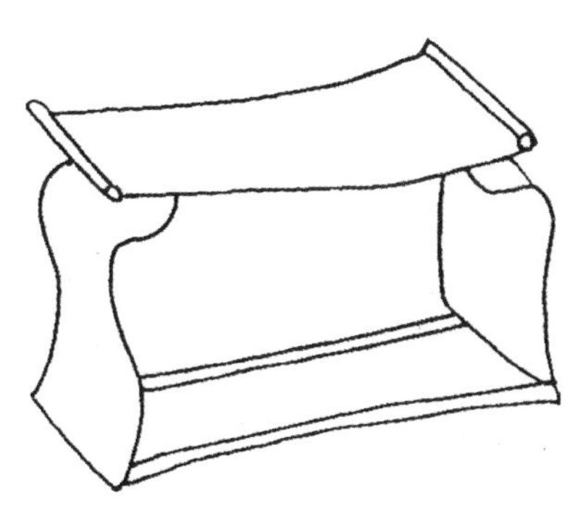

图 5-19　曲足香案

（引自胡文彦《中国家具鉴定与欣赏》）

4. 撇腿书案

图 5-20 是唐画《六尊者像》中的案的形象。案两端翘起，束腰较高，腿的上端膨出，下端向外撇，内侧雕齿纹，束腰高，其下有牙条，横向有波浪拱形撑，造型新颖独特。

图 5-20　撇腿书案

（引自胡文彦《中国家具鉴定与欣赏》）

（二）方桌

图 5-21 是敦煌 85 窟壁画中的方桌，桌面方形，四条直腿，无横撑。此方桌结构单纯，造型简洁。

图 5-21　方桌

（引自《文物参考资料》）

（三）几

1. 琴几

图 5-22 是新疆唐墓出土的琴几。几面条形，一端圆形，一端三角形，直腿下有拖泥，具有少数民族风格。

图 5-22　琴几
（引自胡文彦《中国家具鉴定与欣赏》）

2. 花几

图 5-23 是《六尊者像》中的花几，与南北朝时期花几接近。藤条编制，分上下五层，皆由藤条编织成大小不同的圆形、椭圆形的圈组成，空灵剔透，别具一格。

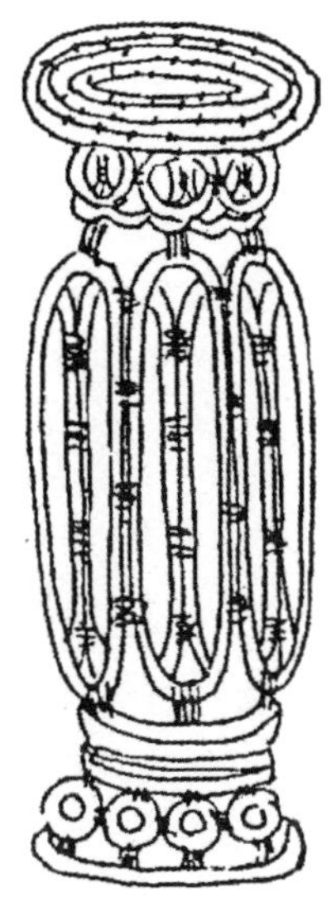

图 5-23　花几
（引自胡文彦《中国家具鉴定与欣赏》）

三、椅、凳、墩

（一）椅

1. 扶手椅

图 5-24 是《唐阎立本萧翼赚兰亭图》中的扶手椅形象。其所有构件如腿、搭脑、扶手、横撑都是用天然树干制作，造型朴素、典雅。

2. 竹扶手椅

图 5-25 是唐画《六尊者相册》中扶手椅的形象。其通体竹制，搭脑两端上卷，鹅脖弯曲，撑按步步高安装，椅前有足承。

图 5-24 扶手椅
（引自阮长江《中国历代家具图录大全》）

图 5-25 竹扶手椅
（引自阮长江《中国历代家具图录大全》）

3. 玫瑰椅

图 5-26 是唐画家张萱《明皇纳凉图》，从中看出当时的一款玫瑰椅造型。此椅靠背低矮，与扶手等高，左右各有五根三弯腿，分别坐落在拖泥上。其样式新颖，宽厚稳重。

图 5-26　玫瑰椅

（引自李希凡《中华文明隋唐五代史》）

4. 圈椅

图 5-27 是五代画《宫中图》中的圈椅。这款圈椅，在杨耀所著的《明代家具艺术》中列为唐代，而在胡文彦所著《中国家具鉴定与欣赏》一书中，定为五代十国时期。此椅造型独特别致，椅背与扶手合为一体，形成椅圈，椅圈上又安装搭脑，椅圈由一根根竖杆组成，似围栏，两竖杆下端之间雕如意花饰，椅面下有波浪形牙条，椅腿雕如意纹。此椅结构复杂，制作精细，美观大方。

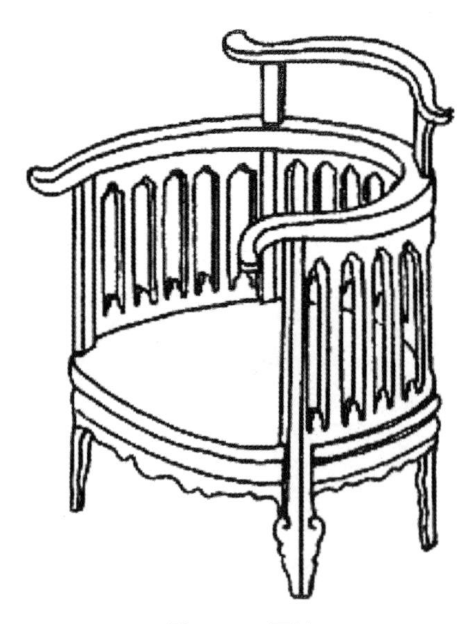

图 5-27　圈椅

（引自阮长江《中国历代家具图录大全》）

5. 月牙椅

图 5-28 是唐画《挥扇仕女图卷》中圈椅形象。椅腿不高，满雕花饰，并饰以花坠。从这幅绘画中可以看到，这位富态十足的仕女与这张雕饰华丽的月牙椅十分协调。

图 5-28　月牙椅

（引自阮长江《中国历代家具图录大全》）

（二）凳

1. 月牙凳

图 5-29 是唐画《纨扇仕女图》中月牙凳的形象。月牙凳是唐代新兴家具，凳面为半月形，立面与四根腿部满雕花，腿间还饰以花坠。月牙凳是上层社会的妇女使用的坐具。

图 5-29　月牙凳

（引自阮长江《中国历代家具图录大全》）

2. 带拖泥四脚凳

图 5-30 是唐画《白石女像》中坐凳的形象。凳面方形，四根腿下有拖泥承托。

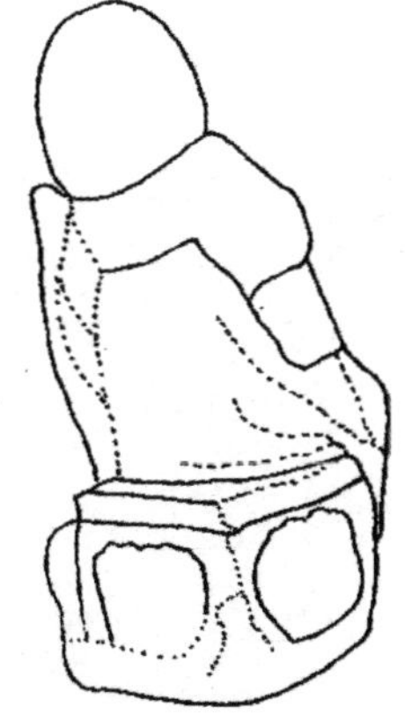

图 5-30　带拖泥四脚凳

（引自阮长江《中国历代家具图录大全》）

（三）墩

1. 腰鼓墩

图 5-31 是敦煌 328 窟壁画中墩的形象。此墩造型似菱形腰鼓，身高腰细。

图 5-31 腰鼓墩

（引自胡文彦《中国家具鉴定与欣赏》）

2. 花墩

图 5-32 是敦煌 217 窟壁画中的莲座，也是墩的一种。腰鼓形，雕饰华丽，形态丰满，体现出唐代家具风格。

图 5-32 花墩

（引自胡文彦《中国家具鉴定与欣赏》）

四、柜、盒

（一）柜

1. 四腿花箱

图 5-33 是唐墓出土的三彩箱。它有四根兽面腿，柜身有花饰、明锁。

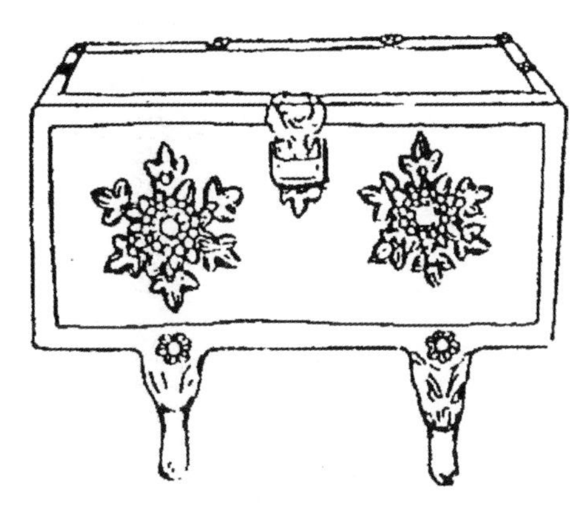

图 5-33　四腿花箱
（引自胡文彦《中国家具鉴定与欣赏》）

2. 鼎形三彩箱

图 5-34 是西安王家坟村唐墓出土的三彩柜。其造型似鼎，四腿粗壮，柜面盖小，有暗锁，腿上有乳钉，柜身有花饰。

图 5-34　鼎形三彩箱
（引自李希凡《中华文明隋唐五代史》）

（二）盒

图 5-35 是新疆出土的唐代螺钿木盒。每个立面分成横竖三个部分，并有螺钿装饰图案，顶部有盖，镶嵌螺钿图案。螺钿木盒具有少数民族风格。

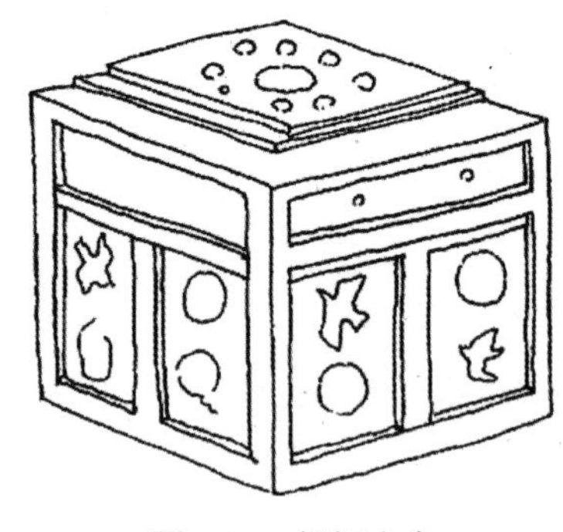

图 5-35 螺钿木盒

（引自阮长江《中国历代家具图录》）

五、屏风

唐代屏风以立式为主，屏以木框为骨架，里面镶板糊纸或绢锦，再在上面绘画。

（一）座屏

图 5-36 是敦煌 217 窟壁画《得医图》中的屏风。它由屏身与屏座组成，坐墩雕成类似后世抱鼓石的造型。屏芯绘制山峦树木，是当时常见的一种形式，并传承至后世。

图 5-36 座屏

（引自胡文彦《中国家具鉴定与欣赏》）

（二）立屏

图 5-37 是敦煌 172 窟壁画中立屏的形象。此屏上部由绢或锦绷制，下部木板涂色，底部有两个圆座。

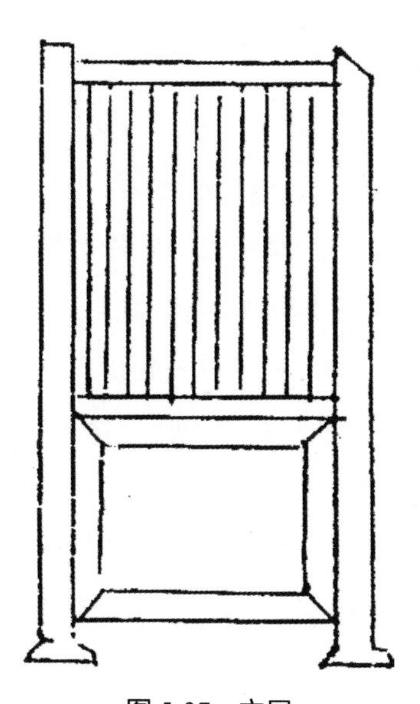

图 5-37 立屏

（引自胡文彦《中国家具鉴定与欣赏》）

第六章　五代十国时期家具

五代十国时期历史很短，虽只有五十多年，但各国努力发展经济，特别是南方经济发展较快。五代十国时期仍与隋唐时期一样，仍是席地而坐与垂足而坐并行时期，但席地而坐的家庭越来越少，垂足而坐的家庭越来越多。所以随着生活习俗的变化，矮型家具越来越少，高型家具越来越多，虽然矮型家具与高型家具并行，但高型家具已成为家具的主流。高型家具床、椅、桌、案、几等多成为当时家庭中的常见器具。

五代家具较之唐代家具有了很大变化，开始改变唐代家具体态浑厚、雕饰华丽的风貌，朝着简洁、挺秀的方向发展。五代家具承前启后，为明代家具造型风格开辟了先河。

五代家具的文物发掘实物稀少，在此主要通过画家的绘画作品间接了解当时的家具风貌。例如，顾闳中的《韩熙载夜宴图》、周文矩的《重屏会棋图》、王齐翰的《勘书图》等，他们都以写实性的手法向人们展示了当时家具的风格样式。

一、床

（一）平板床

图 6-1 是江苏邗江蔡庄五代墓出土的平板床。其四腿较高，上粗下细，中部圆形突起，左右撑在突起处连接前后两腿。从床面与腿的比例关系来看，它已是高型睡床，但它的形体较为简洁质朴。

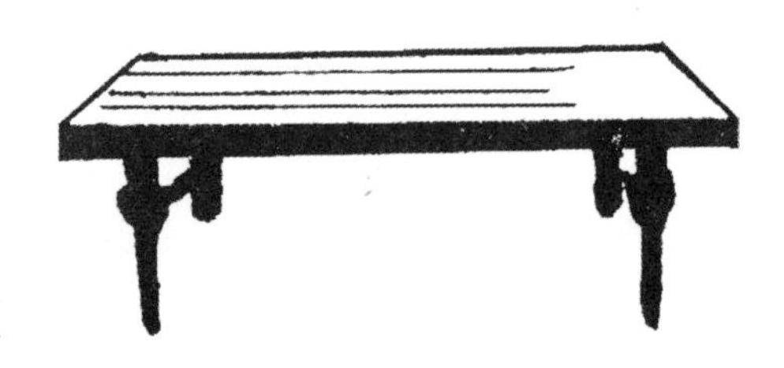

图 6-1　平板床

（引自胡文彦《中国家具鉴定与欣赏》）

（二）箱式床

图 6-2 是五代绘画《重屏会棋图》中箱式床的形象。床面下四面镂出壶门空洞，基本是前朝箱式床的延续。

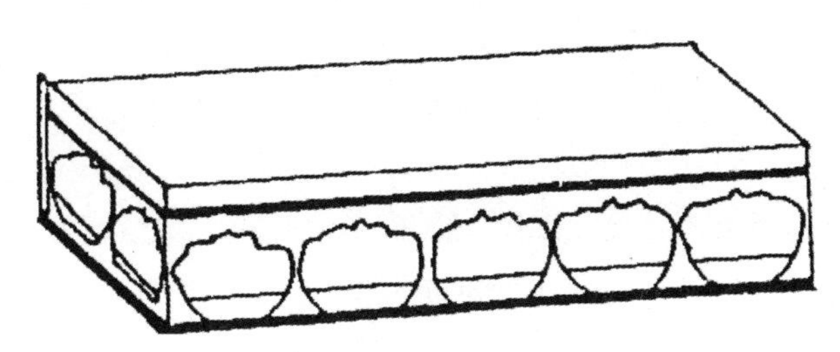

图 6-2　箱式床
（引自胡文彦《中国家具鉴定与欣赏》）

（三）栏杆床

图 6-3 是五代绘画《重屏会棋图》中栏杆床的形象。这张床床体与箱式床相同，而在床头、床尾增加了两个出头且上挑的栏杆，这是床发展中出现的一种新样式。

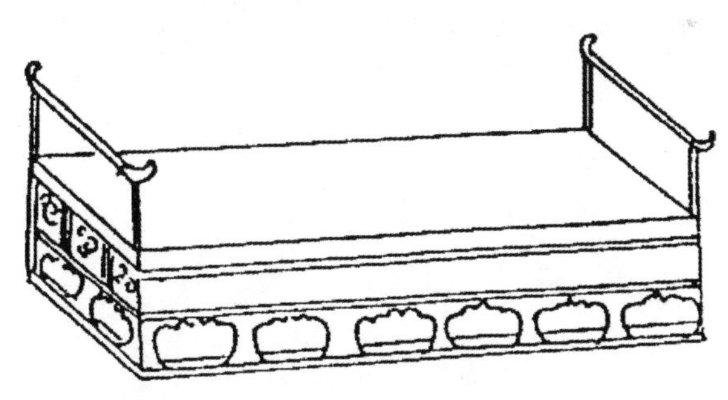

图 6-3　栏杆床
（引自胡文彦《中国家具鉴定与欣赏》）

（四）带围屏大床

图 6-4 是五代画家顾闳中的绘画作品《韩熙载夜宴图》中床的形象。床的三面各装一屏，前面左右各装一块护板，中间留空供人上下使用，屏体较高，每扇攒框镶板，饰以绘画，腿下有横撑、牙板，通体髹黑漆。此床为明清罗汉床的前身。

图 6-4 带围屏大床
（引自顾闳中《韩熙载夜宴图》）

（五）锯齿牙条大榻

图 6-5 是山西太原第一热电厂北汉墓壁画中的大榻。此榻腿足部向左右外撇，其下带拖泥，圈口上部有齿形牙条，其造型基本也是前朝的延续。

图 6-5 锯齿牙条大榻
（引自徐光翼、汤池、秦大树等《中国出土壁画全集》）

二、案、桌、几

（一）案、桌

图 6-6 是五代绘画《韩熙载夜宴图》的部分画面，它展现了当时上层社会室内家具陈设样式、布置实况和生活情境。这间屋有带围屏幔 帐的大床、带靠背扶手的长椅、平头案、方桌、灯台等，从比例来看，全是高型家具。左面两位女子跽坐在靠背椅上，虽然椅是垂足坐具，但两位女子仍习惯在上面跽坐；在这间屋后面一人蒙被入睡；右边两位女子一人持琴，另一人手托茶具，前者好似歌伎，后者好似女佣；左下角是张平头案，案面光素，腿间有撑连接，腿与案面相交处装有替木牙头；方桌桌面光素，四腿圆形，替木牙头在腿的顶端丁字形相交，单撑、双撑相对安装。

图 6-6　条案

（引自阮长江《中国历代家具图录大全》）

（二）几

五代时期由于垂足而坐成为社会主流，凭几已经少见，代之而起的是高几与陈设物品的矮几。

1. 高几

图 6-7 是五代绘画《五代人浣月图轴》中的高几，此几由几面、束腰、彭腿、拖泥组成，造型高挑秀美。此几一般放置熏炉、盆景之类。

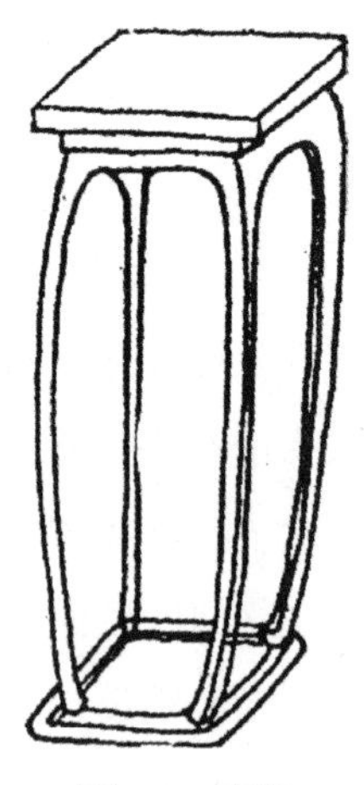

图 6-7　高几
（引自胡文彦《中国家具鉴定与欣赏》）

2. 矮几

图 6-8 是五代绘画《卓歇图》中的一张矮几。几面长方形，腿很矮，原图上方有杯、碗食具。它是席地而坐使用的器具。

图 6-8　矮几
（引自胡文彦《中国家具鉴定与欣赏》）

三、椅、凳、墩

（一）椅

1. 靠背扶手椅

图 6-9 是艾克所著《中国花梨家具图考》中的靠背扶手椅的形象。其搭脑呈弓形，两端上卷出头，靠背高耸，由绳或棕等编织物制成，扶手顶端外卷出头，腿部上细下粗，左右与后面有横撑相连。它的整个造型稳重、高昂。

2. 四出头靠背扶手椅

图 6-10 是五代画家王齐翰作品《勘书图》中的椅子形象。其搭脑平直，两出头，背板由两根立柱和一根横撑组成。扶手平直，前出头，前后腿间各

有一根横撑，腿下带拖泥，为四出头官帽椅。此椅造型结构合理，形体清秀，为明代官帽椅的先驱。

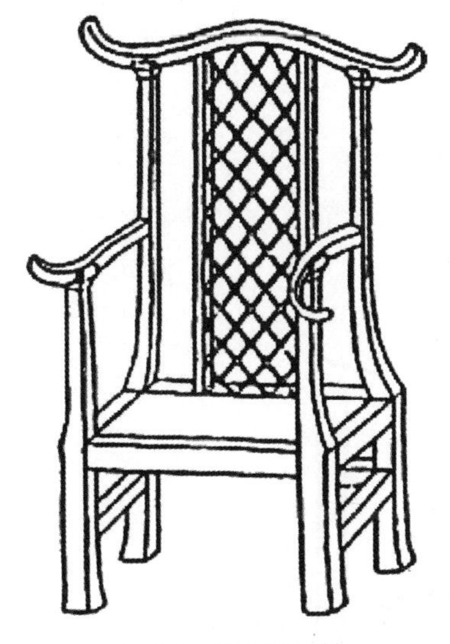

图 6-9　靠背扶手椅
（引自艾克《中国花梨家具图考》）

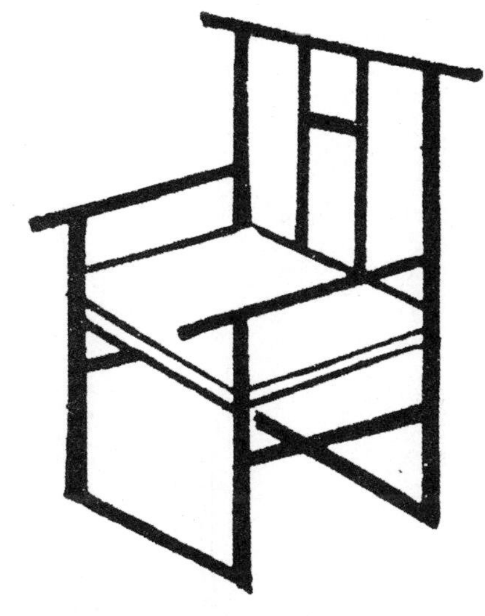

图 6-10　四出头靠背扶手椅
（引自胡文彦《中国家具鉴定与欣赏》）

（二）凳

凳在这一时期已是生活中常见的坐具。图 6-11 是五代绘画《宫中行乐图》中圆凳的形象。凳面圆形，凳腿向内弯曲，两侧各挖成两个弧线形。此凳构件简约，造型敦实稳重。

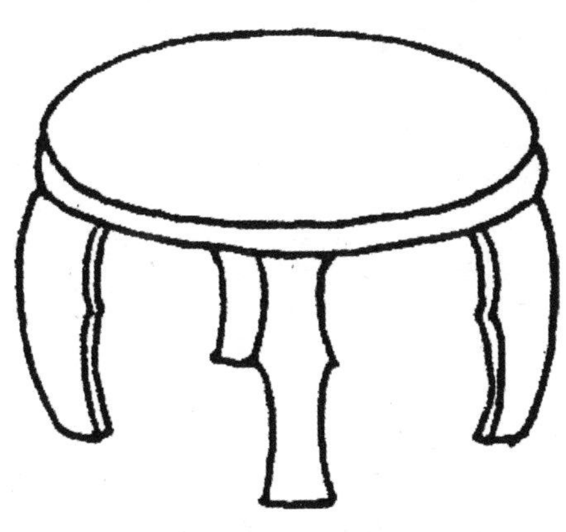

图 6-11　圆凳
（引自胡文彦《中国家具鉴定与欣赏》）

四、屏风

五代时期屏风不仅有单扇屏，而且出现了三扇大型座屏，它是当时上层社会厅堂不可缺少的陈设器具。

（一）立屏

图6-12是五代绘画《韩熙载夜宴图》中的立屏，造型基本延续了唐代风格。

图6-12 立屏
（引自胡文彦《中国家具鉴定与欣赏》）

（二）三扇座屏

图6-13是五代画家王齐翰的绘画作品《勘书图》中三扇座屏的形象，表现当时士大夫厅堂陈设。三扇座屏呈“U”字形坐立在厅堂，屏风底部装有屏座，屏芯绘有山水树木，这是当时较为流行的屏风样式。

图 6-13　三扇座屏
（引自王齐翰《勘书图》）

五、镜架

图 6-14 是五代北平王王处直墓壁画中的镜架。乍看像现代画架，有三根细长的足，可根据需要调节不同角度和高度。其上托着一个方形镜盒，镜足与镜盒皆绘有花饰，盒盖上饰有一只鸾鸟。

图 6-14　镜架
（引自王静《中国古代镜架与镜台述略》）

第七章　宋、辽、金、元时期家具

第一节　宋、辽、金时期家具

宋代是我国家具发展的一个重要历史时期。一是宋代的手工业、商业得到空前的发展，城市建设兴起，商业繁荣，达官贵人竞相修建豪宅、苑囿，促进了家具业的繁荣与发展。张择端的《清明上河图》充分展现了当时东京汴梁商业街道的繁荣景象。二是高型家具自魏晋以来，历经隋唐至五代500多年的发展，从弱到强，从服务于上层社会到走入平民百姓家。到了宋代，高型家具完全取代了矮型家具，数千年席地而坐的习俗退出了历史舞台，高型家具成为日常生活中的主体。只有矮桌（饭桌）保存了下来，因北方人睡炕，坐在炕上吃饭聊天，因此矮桌一直延续到明清，甚至现今一些偏僻地区仍在使用。

据南宋文献记载，这一时期已有了“金漆桌凳行”，即专门有了家具的制作行业。

宋、辽、金时期家具资料比较多。一是来自宋代绘画，二是来自出土发掘，特别是桌、几、椅、屏方面，为我们提供了许多宝贵的形象资料。

宋代家具繁多，种类齐全，卧具床、榻，坐具椅、凳、墩，置物具几、案、桌等各类家具应有尽有，并创造了抽屉橱、折叠桌、高几、交椅等新的品种。宋代家具具有简朴自然、简约清秀、端庄大方的风格特点。由于北宋与辽、南宋与金同时存在，所以各民族文化得到大融合，金的家具受北宋家具影响，造型结构、装饰方面趋于统一。宋、辽、金时期，家具得到空前地发展。宋代家具风格继承并发展了五代家具简洁、挺秀的风格，开辟了明式家具的序幕。

一、床

床在这一历史时期，表现为多种形式：一是基本延续前朝的箱式床的造型；二是在箱式床的基础上加以变化；三是由于这一时期宋与辽、金等少数民族政权同时存在，床的样式也显现出少数民族特点。

（一）围栏床

1. 围栏床之一

图 7-1 是内蒙古解放营子辽墓出土的大床。此床下面有长方形底座，底座前立面镂空成八个小型壶门圈口装饰，内涂红漆，床面伸出床座，并且三面设围栏，由床栏柱、栏杆与围板组成。这是一种全新的样式，具有少数民族特点。

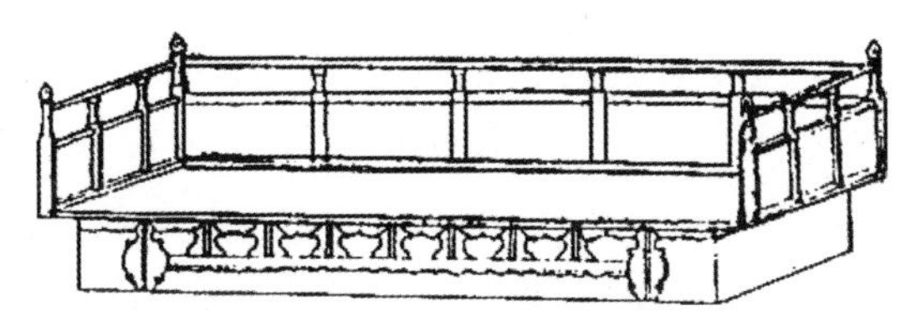

图 7-1　围栏床之一

（引自胡文彦《中国家具鉴定与欣赏》）

2. 围栏床之二

图 7-2 是山西大同金代道士阎德源墓出土的大床。此床三面带围栏，床面较厚，其下有四根叶状腿支撑，前后腿之间有横撑连接。此床少数民族特点更为突出。

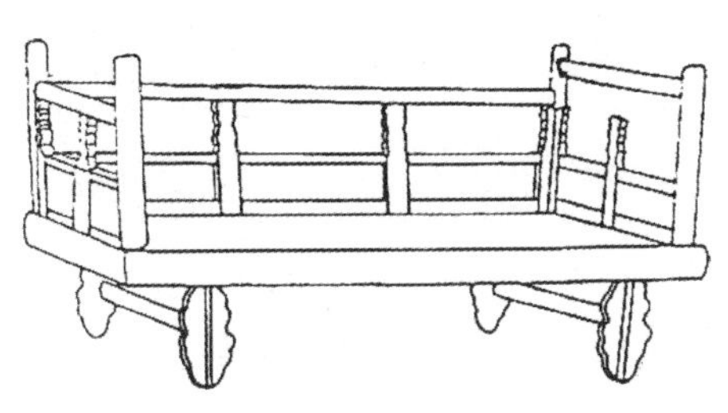

图 7-2　围栏床之二

（引自胡文彦《中国家具鉴定与欣赏》）

（二）围屏床

图 7-3 是宋代绘画《孝经图》上的床。此床除床面上设三面围屏外，基本是传统的箱式床样式，只是腿的数量增加为 20 只，腿的造型发生变化，成

为如意脚。原来的壶门圈口变为桃形，其下带拖泥，拖泥四角各加一个小足，便于摆放稳定，明清龟足由它演变而来。

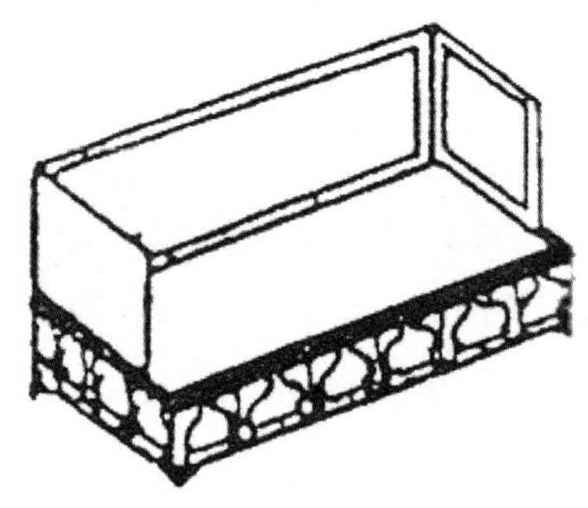

图 7-3 围屏床

（引自胡文彦《中国家具鉴定与欣赏》）

（三）壶门大榻

图 7-4 是宋代绘画《维摩演教图》中的箱式大榻，床面下有束腰，腿下带拖泥，两腿间装有壶门圈口牙条。它基本是前代箱式床的延续，但总体上比唐代箱式床要轻盈秀气。

图 7-4 壶门大榻

（引自阮长江《新编中国历代家具图录大全》）

二、桌、几

（一）桌

1. 方桌

方桌之一 图 7-5 是江苏江阴北宋“瑞昌县君”孙四娘子墓出土的木方

桌明器——带侍俑方桌。其长、宽各 43 厘米，高 47.6 厘米。桌面攒框装板，方腿，前后装有壶门牙板，左右装有单撑，四根方足上各钉有一个侍俑。

图 7-5　带侍俑方桌

（引自《上海博物馆集刊》第 9 期）

方桌之二　图 7-6 是河南偃师县酒流沟水库北宋墓砖刻《厨娘图》中的方桌。此桌直腿，单撑，短牙头。桌面上放置砧板、刀、鱼等，一位妇女穿着围裙站在桌前正待操作。

图 7-6　方桌之二

（引自《上海博物馆集刊》第 9 期）

值得注意的是此桌与图 7-11 中的方桌都是短牙头并在一起往里延伸，尚未连在一起。

花腿方桌　图 7-7 是内蒙古巴林右旗白音尔登苏木辽墓出土的木桌明器。其长 68 厘米，宽 43 厘米，高 60 厘米，雕花腿，马蹄足，双撑单矮老。花腿方桌是辽代方桌的一种特有的风格样式。

图 7-7　花腿方桌

（引自《上海博物馆集刊》第 9 期）

货桌　图 7-8 是宣化辽墓壁画中的货桌。圆腿，四平双撑，桌面出檐较深，四周设有围栏，左右中间留有门。从图中场景可以看出，它不是一般家庭中使用的饭桌，而是餐饮业使用的货桌。

图 7-8　货桌

（引自《宣化辽墓：墓葬艺术与辽代社会》）

四平双撑方桌　图 7-9 是宣化辽墓壁画中的方桌。其为圆腿，四面平双撑，上撑加矮老。此桌若加栏杆，就同图 7-8 无异。

图 7-9　四平双撑方桌

（引自《宣化辽墓：墓葬艺术与辽代社会》）

黑漆桌　图 7-10 是宋代画家苏汉臣作品《秋庭戏婴图》中的桌，除桌心外，通体髹黑漆。四腿雕花饰，无撑、角牙等构件。

图 7-10　黑漆桌

（引自宋代苏汉臣《秋庭戏婴图》美国波士顿艺术博物馆藏）

短牙头方桌　图 7-11 是山西金墓出土的木方桌。它与宋代方桌造型结构基本相同，桌面攒框镶板，圆形腿，上粗下细，短牙头。

图 7-11 短牙头方桌
（引自《上海博物馆集刊》第 9 期）

替木牙条方桌　图 7-12 是山西大同金墓出土的方桌。此桌与短牙头方桌最大的区别在于左右牙头已连接在一起，增加了整体的稳定性。

花腿方桌　图 7-13 是辽宁朝阳金墓壁画中的方桌。其撑上有两组矮老，腿部加花饰，较为少见。

图 7-12 替木牙条方桌
（引自《上海博物馆集刊》第 9 期）

图 7-13 花腿方桌
（引自《上海博物馆集刊》第 9 期）

挂牙方桌　图 7-14 是宁夏贺兰县拜寺口双塔出土的西夏挂牙方桌，长 58.5 厘米，宽 40 厘米，高 33 厘米。桌面下与两腿外缘有透雕卷草纹挂牙，前立面，两根横撑将上下分成两部分，又由三根矮老将上下分成五个空间，其内镶雕花板，底撑下加如意纹花牙。整个造型与后世的闷户橱相似。

图 7-14　挂牙方桌

（引自《上海博物馆集刊》第 9 期）

2. 长方桌

长方桌之一　图 7-15 是北宋画家王诜作品《绣栊晓镜图》中的长方桌形象。桌面为长方形，方腿，足雕如意形，结构单纯，形体清秀。

图 7-15　长方桌之一

（引自北宋王诜《绣栊晓镜图》台北故宫博物院藏）

长方桌之二　图 7-16 是宋代绘画《蕉荫击球图》中的长方桌形象。除桌面芯板外，其他皆髹黑漆，圆形腿，前后加单撑，两端加双撑，桌面下有花牙。其造型秀美、利落。

图 7-16 长方桌之二
（引自宋代绘画《蕉荫击球图》）

3. 炕桌

炕桌虽属矮式家具，但北方特别是少数民族地区，仍在使用。因此炕桌一直流传到明清。

波纹腿炕桌 图 7-17 是内蒙古解放营子辽墓出土的炕桌，长 68 厘米，宽 32 厘米，高 22.8 厘米。桌面攒框镶板，面芯由两块薄板拼合而成，并由两排竹钉固定在下面的穿带上，板足，左右做波纹装饰，正中起线脚，前后无撑，左右单撑。其造型别具一格。

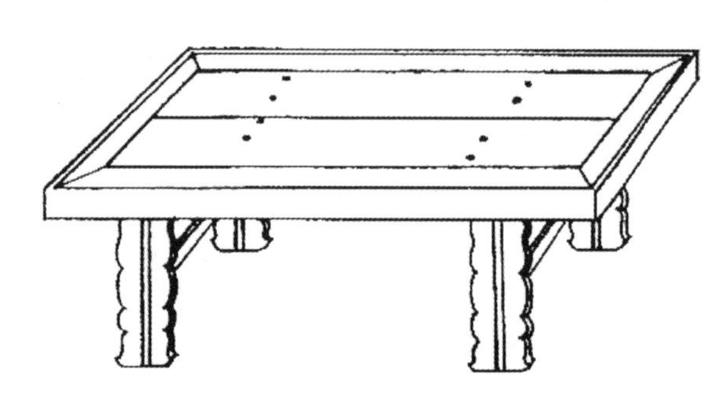

图 7-17 波纹腿炕桌
（引自《上海博物馆集刊》第 9 期）

带矮老炕桌　图 7-18 是河北宣化辽代张文藻墓出土的长方桌，长 97.7 厘米，宽 59 厘米，高 47 厘米。桌面攒框装板，圆腿，四面单撑，前后各加两个矮老。

图 7-18　带矮老炕桌
（引自《上海博物馆集刊》第 9 期）

单撑炕桌　图 7-19 是内蒙古解放营子辽墓出土的炕桌。桌腿方形，四面有撑，前后与左右撑截面大小不同。

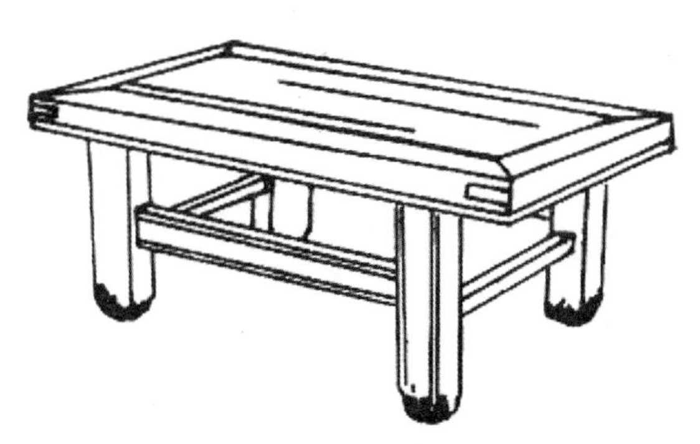

图 7-19　单撑炕桌
（引自《上海博物馆集刊》第 9 期）

雕花腿矮桌　图 7-20 是辽宁省法库县叶茂台镇 7 号辽墓出土的一张长方桌。它由柏木制作，桌面长方形，长 61.8 厘米，宽 41.8 厘米，高 40.5 厘米，桌面下有花牙，雕花腿，四面平撑。

双层矮桌　图 7-21 是山东高唐金墓壁画上的双层桌。底层四腿外撇，桌面四角立柱，支撑上层桌面。

图 7-20　雕花腿矮桌
（引自王秋华《谁发现了文明丛书——惊世叶茂台》）

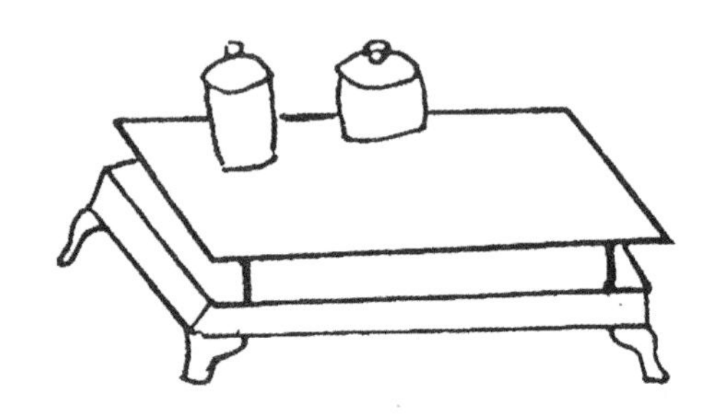

图 7-21　双层矮桌
（引自胡文彦《中国家具鉴定与欣赏》）

（二）几

几此时无论高几、矮几，多为陈放物品使用。

1. 矮几

图 7-22 是河南白沙宋墓出土的矮几。几面长方形，几腿内弯与拖泥相接，几面与拖泥间饰以卷云。

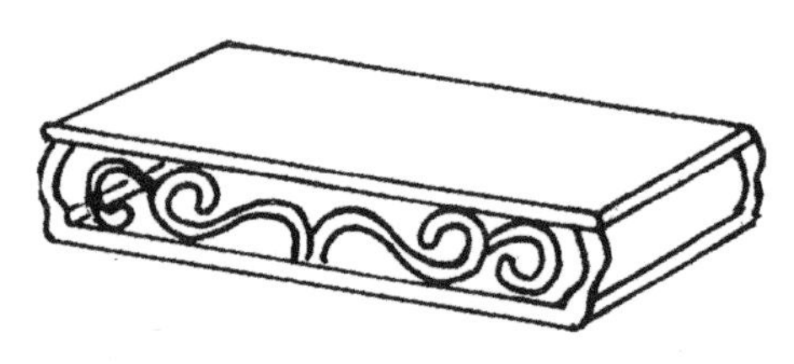

图 7-22　矮几
（引自胡文彦《中国家具鉴定与欣赏》）

2. 高几

四平撑高几　图 7-23 是山西大同金墓出土的高几。几面正方形，四腿较高挑，上粗下细，有明显侧角，上部有四面平撑。此种家具在宋代比较普遍流行。

花几　图 7-24 是宋代绘画《十八学士图》中的一件花几。几面方形，其下有束腰，方腿，内翻马蹄足，其下带拖泥，拖泥四角加龟足。

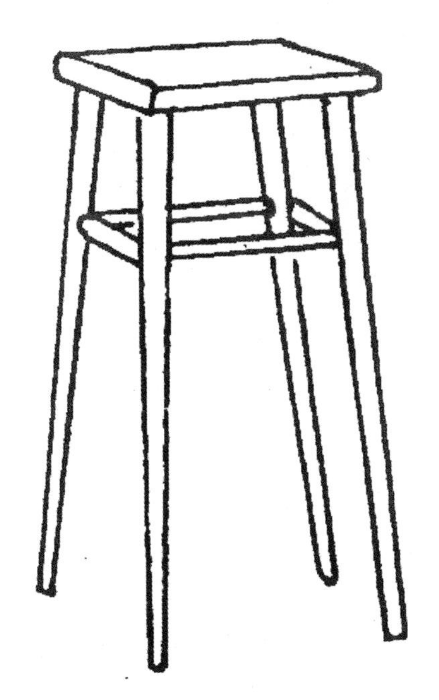

图 7-23　四平撑几
（引自胡文彦《中国家具鉴定与欣赏》）

图 7-24　花几
（引自《上海博物馆集刊》第 9 期）

三、椅、凳、墩

（一）椅

1. 靠背椅

图 7-25 是江苏武进村南宋墓出土的靠背椅（灯挂椅）。其形体上窄下宽，搭脑两出头，背板一木制作，后腿与立柱一木连做，后腿上截及背板位呈向

后弧形，步步高赶撑。其造型敦实稳重，干净利落。

图 7-25　靠背椅

（引自《考古》1986 年第 3 期）

2. 漆靠背椅

图 7-26 是辽宁省法库县叶茂台镇辽墓出土的靠背椅。其搭脑两出头，靠背中安装两根横撑，椅面已腐，腿、撑构件较粗壮，整个造型低矮。宋代垂足而坐，契丹族游牧生活，席地而坐，由此椅可以看出它是契丹族文化与汉族文化的融合体。

图 7-26　漆靠背椅

（引选自王秋华《谁发现了文明丛书——惊世叶茂台》）

3. 玫瑰椅

图 7-27 是宋代绘画《十八学士图》中的玫瑰椅。其靠背与扶手同高，且连为一体，靠背中间有背板，单撑、双撑相对安装，椅与足承组合使用，造型轻盈。此椅是这一时期特有的形式。

4. 座椅

图 7-28 是宋代绘画《十八学士图》中的座椅。其造型结构与图 7-27 中的玫瑰椅基本相同，靠背与扶手同高，单撑，踏脚撑下加牙板支撑。

图 7-27　玫瑰椅
（引自《上海博物馆集刊》第 9 期）

图 7-28　座椅
（引自宋画《十八学士图》）

5. 卷叶搭脑靠背椅

图 7-29 是四川广汉市雒城镇宋墓出土的靠背椅明器。其长 9.1 厘米，宽 9.8 厘米，高 19.8 厘米，座面成方形，刻斜方格纹。搭脑中间微拱，正中饰宝珠，两端出头上翘，呈卷叶状，腿间前后镶板，后面上部刻出弧形撑的轮

廓，前面板上阴刻壶门圈口花饰，椅两侧有方撑，腿下带托泥。因椅为小模型，前后镶板有可能是为加固而制作的，生活中应是圈口牙板。

图 7-29　卷叶搭脑靠背椅
（引自《考古》1990 年第 2 期）

6. 圈椅

图 7-30 是宋代绘画《会昌九老图》中的圈椅。圈椅特点是搭脑与扶手连为一体，形成一个半圆圈。此椅没有联帮棍，鹅脖与前腿一木连做，两把圈椅圈的倾斜度也不一致，这说明椅圈尚未定型。

图 7-30　圈椅
（引自宋代绘画《会昌九老图》）

7. 交椅

图 7-31 是宋代绘画《蕉荫击球图》中的交椅。交椅是由胡床演变而来。此交椅靠背镶以雕花木板，椅座由绳编制而成。

图 7-31　交椅
（引自宋代绘画《焦荫击球图》）

8. 宝座

图 7-32 是南熏殿旧藏《历代帝王像》中宋太祖御用宝座。它是官帽椅的一种，搭脑两端与扶手前端做龙头雕饰，扶手背上雕云纹，腿、撑两端与中间雕云纹花饰。其体量大，做工精美，装饰豪华。

9. 步辇

图 7-33 是江苏溧阳竹箦乡李彬墓出土的步辇。它由一把官帽椅左右各加一根辇杆组成。

图 7-32 宝座

（引自阮长江《中国历代家具图录大全》）

图 7-33 步辇

（引自阮长江《中国历代家具图录大全》）

（二）凳

1. 方凳

图 7-34 是宋代绘画《西园雅集图》中的方凳。凳面方形，四面平形式，足呈如意形，足下带拖泥。

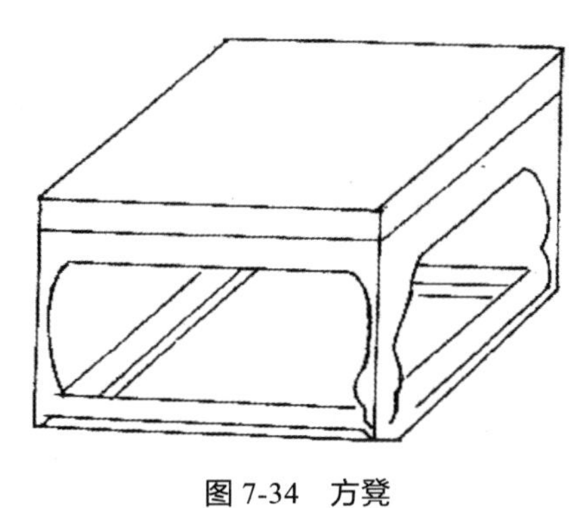

图 7-34　方凳
（引自宋代绘画《西园雅集图》）

2. 长方凳

图 7-35 是宋代绘画《西园雅集图》中的如意足长方凳。此凳结构、造型与前者基本一致，只是凳面较长，有云纹装饰。

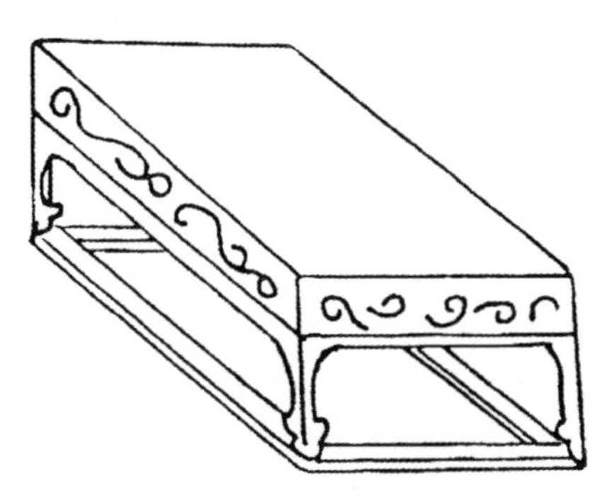

图 7-35　如意足长方凳
（引自胡文彦《中国家具鉴定与欣赏》）

3. 小板凳

小板凳体量很小，携带方便，是每个家庭必备的坐具。

图 7-36 是宋代绘画《纺车图》中的小板凳。凳面长方形，四腿有侧角。此种凳现今农村常见。

图 7-36　小板凳
（引自宋代绘画《纺车图》）

（三）圆墩

墩是上层社会家庭中必备的坐具。它有木质、藤质、瓷质等多种材料。

1. 圆墩

图 7-37 是宋代绘画《秋庭戏婴图》中的圆墩。鼓形，六开光，底部有小角足。

2. 藤环墩

图 7-38 是宋代绘画《十八学士图》中的圆墩。藤质，墩身上部呈花瓣形，下部为连续环，底部有小角足。其造型新颖、别致。

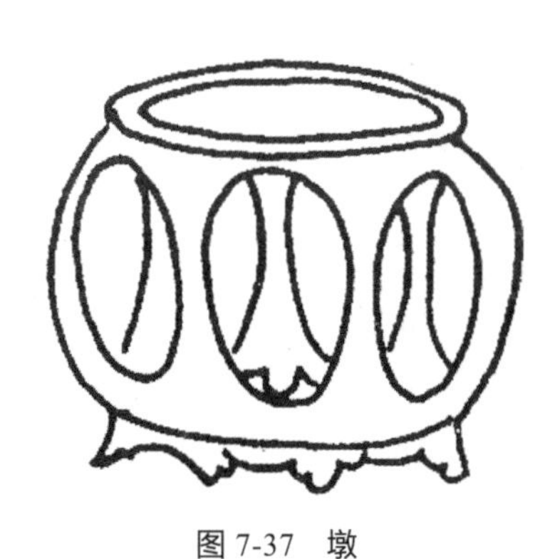

图 7-37　墩
（引自胡文彦《中国家具鉴定与欣赏》）

图 7-38　墩
（引自胡文彦《中国家具鉴定与欣赏》）

四、箱、柜

箱、柜这两种家具虽然造型不同，但功能一致，都是储藏物品的器具。

（一）箱

1. 衣箱

图 7-39 是山东高唐金代墓壁画上的衣箱。它由箱盖、箱身、底座组成。此种家具造型、结构一直沿用到后世。

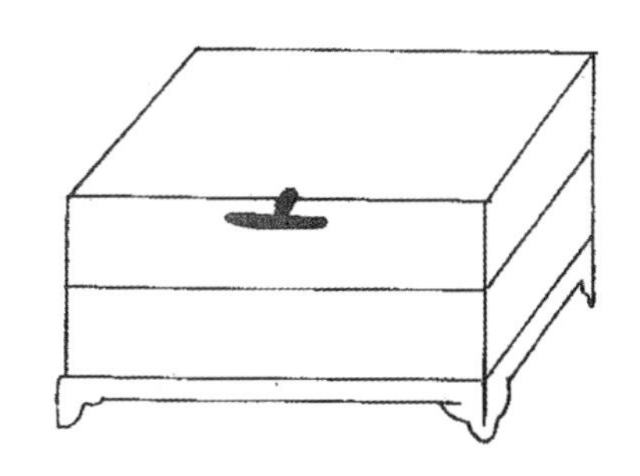

图 7-39 箱

（引自胡文彦《中国家具鉴定与欣赏》）

2. 重箱

图 7-40 是河北宣化辽墓壁画中的茶道图。其中一件存放茶叶的箱子，底层为箱座，其上由六层箱组成，最上一层顶部呈盝顶形，每层箱的角部加铜包角，前后有铜提手。

图 7-40 重箱

（引自《上海博物馆集刊》第 9 期）

（二）柜

柜一般高长于宽，门开启在正立面。

1. 书柜

图 7-41 是宋代绘画《五学士图》中的书柜。它由竹编织而成，柜盖呈盝顶形，类似建筑中的盝顶，前面开门，内分上下两层，装书籍使用。此种箱的造型一直延续到后世。

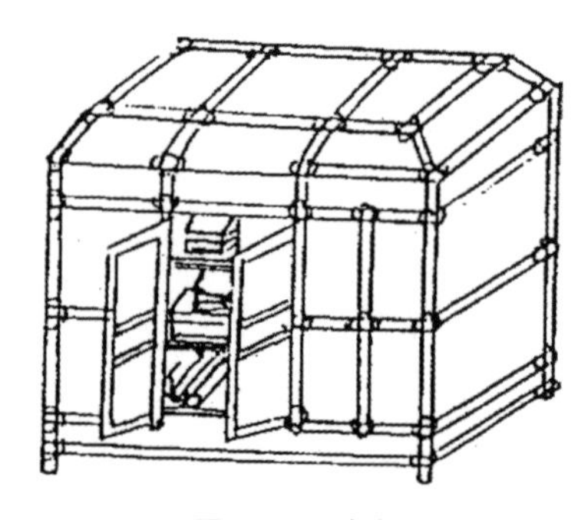

图 7-41　书柜

（引自胡文彦《中国家具鉴定与欣赏》）

2. 抽屉柜

图 7-42 是河南白沙宋墓壁画中的抽屉柜。它放在几上，由五个抽屉和底座组成，柜面上有拉手，底座腿与牙条形成壶门状。

图 7-42　抽屉柜

（引自胡文彦《中国家具鉴定与欣赏》）

五、屏风

屏风在古代功能很多，原始功能：其一，遮风蔽寒；其二，分割空间；其三，权力地位象征；其四，屏上题字，以示备忘。屏风在宋代应用很普遍，特别是上层社会，床榻、桌案后面常设座屏，座椅背后常设单扇屏。

（一）立屏

图 7-43 是河南白沙宋墓壁画中的立屏。它由屏框、屏芯、墩足组成。此屏四角包有铜饰或彩绘，屏心绘有波浪水纹。

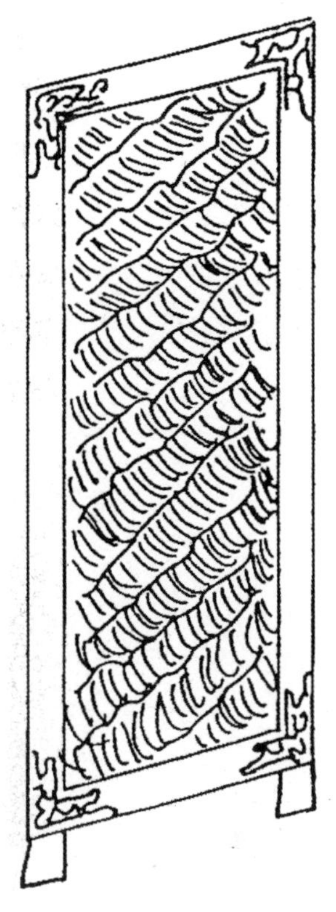

图 7-43　立屏

（引自胡文彦《中国家具鉴定与欣赏》）

（二）折屏

图 7-44 是宋代绘画《十八学士图》中的折屏。它由八扇组成，屏芯绘有国画山水。

图 7-44 折屏

（引自胡文彦《中国家具鉴定与欣赏》）

（三）座屏之一

图 7-45 是宋代绘画《十八学士图》中的一件大型座屏。此屏内外双重框，内框以“井”字形与外框相交，框内镶嵌山水图案，框下两端由如意云头抱鼓墩子支撑。

图 7-45 座屏之一

（引自宋代绘画《十八学士图》）

（四）座屏之二

图 7-46 是宋代绘画《十八学士图》中的一件大型座屏，内外两重框，镶板作彩绘，屏芯绘有山水画，框下安装抱鼓形屏座。

图 7-46　座屏之二

（引自宋代绘画《十八学士图》）

（五）陶质座屏

图 7-47 是四川广汉市雒城镇宋墓出土的陶质座屏，长 26 至 26.8 厘米，屏高 16.6 厘米，加座高 20.6 厘米。此屏横方形，上部略宽，以连珠纹将屏分为上下左右九组图案，上排三幅，左右两组为四叶窗格纹，中间为镂空蝙蝠纹；中间一排左右两组为变形蝙蝠纹，中间几何纹；下排三组卷云纹；左右各一个屏墩，屏框插入墩内，前后有立牙扶持。此屏虽为明器，体量很小，但做工精细，折射出当时座屏的风貌。

图 7-47　陶质座屏

（引自《四川广汉县雒城镇宋墓清理简报》）

（六）床屏

图 7-48 是宋代绘画《绣栊晓镜图》中的放在床上的小插屏。其屏芯绘有山水画，屏框下有胆瓶座支撑，小巧精致。

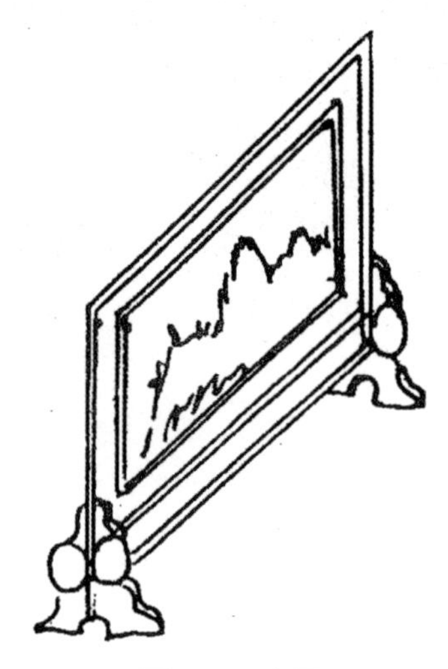

图 7-48　床屏

（引自胡文彦《中国家具鉴定与欣赏》）

六、架、台、灯

（一）架

1. 盆架

六棱形盆架　图 7-49 是山西大同金墓出土的木质盆架。六棱形，三弯腿，外翻足，围板雕有万字图案，围板下与腿间有牙条和云纹牙头。

图 7-49　六棱形盆架

（引自胡文彦《中国家具鉴定与欣赏》）

圆形盆架　图 7-50 是辽代盆架。此盆架面内为放盆的圆孔，由四块木头挖制衔接而成，四根圆腿，由弧形撑与十字撑连接支撑。

图 7-50　圆形盆架

（引自柏德元、谢崇桥、陈同友《红木家具投资收藏入门》）

2. 衣架

砖雕衣架　图 7-51 是河南郑州宋墓出土的砖雕衣架。其搭脑两出头且上翘，左右两根立柱，两根撑与三根矮老将上部分成“两大三小”五个空间。

图 7-51　砖雕衣架

（引自胡文彦《中国家具鉴定与欣赏》）

衣架　图 7-52 是河南宋墓出土的衣架明器。其搭脑两端出头雕回首龙头，两柱上端的两侧有卷草挂牙，搭脑下和横撑下也有牙条花饰。此图虽为局部，但不掩其精美漂亮的风貌。

图 7-52　衣架

（引自《文物参考资料》1959 年第 4 期）

（二）台

1. 带桌镜台

图 7-53 是河南禹州市白沙镇宋墓壁画中的镜台。此台放置在桌上，镜台下有底座，座下有角状小足，镜框顶部雕有七片蕉叶，正中蕉叶系吊圆镜。其式样新颖，造型典雅。

图 7-53　带桌镜台

（引自王静《中国古代镜架与镜台述略》）

2. 支架镜台

图 7-54 是郑州南门外宋墓壁画中的镜台。此镜台为砖砌浮雕，由两条腿、三根横撑组成框架，底撑下加花牙，镜台顶部左右有对称花饰，中央有一立柱，借以悬挂镜面。

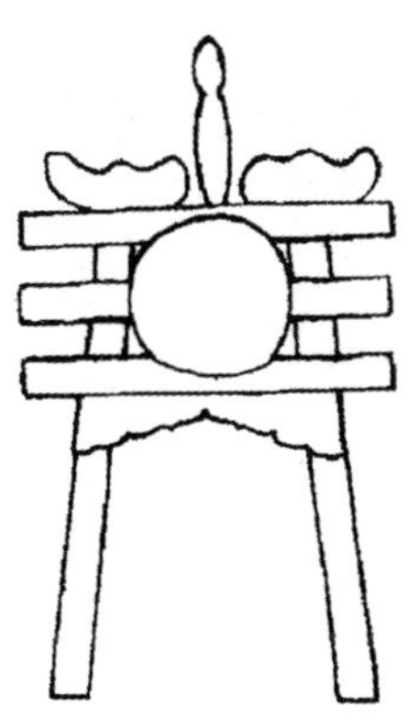

图 7-54 支架镜台

（引自王静《中国古代镜架与镜台述略》）

3. 椅式镜台

图 7-55 是宋代绘画《半闲秋兴图》中的镜台。此镜台整个造型像一个镜子放在扶手椅上，椅腿下有拖泥，拖泥下有小足。其搭脑两端出头，正中加一出头立柱，借以安装葵花形铜镜，扶手顶端出头，凡出头处皆做花饰。此镜设计独到，造型美观。

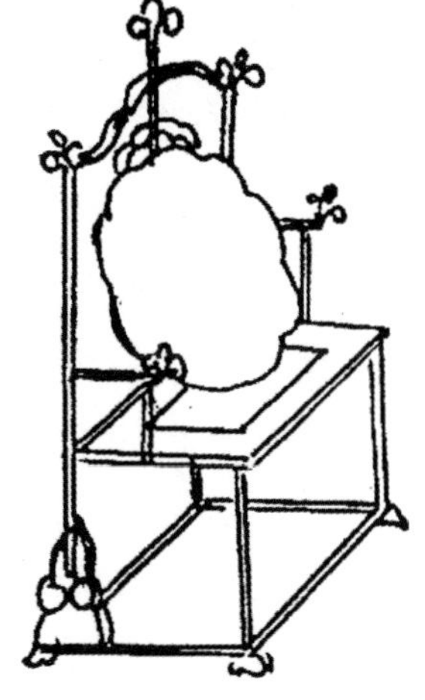

图 7-55 椅式镜台

（引自胡文彦《中国家具鉴定与欣赏》）

4. 盒式镜台

图 7-56 是江苏武进村南宋墓出土的镜箱。其通高 12.5 厘米，长 16.7 厘米，宽 11.5 厘米，长方形，木质，黄地，两个抽屉，板面有柿蒂纹铜环，屉里面还放有木梳、竹篦、竹柄毛刷、竹剔等物。此镜台上部两层为套盘，上层套盘里装有长方形铜镜一面，下层套盘安装镜架，以支撑后摆放铜镜。

图 7-56　盒式镜台

（引自《考古》1986 年第 3 期）

（三）灯

图 7-57 是辽宁法库县叶茂台 7 号辽墓出土的铜灯。它由灯座、灯柱、盏盘组成。灯座是一个足呈外翻如意形三角支架，灯柱呈九节竹形，其顶为菊花形盏盘。此灯可以拆装，设计合理，造型精美实用。

图 7-57　铜灯

（引自王秋华《谁发现了文明丛书——惊世叶茂台》）

第二节　元代时期家具

元代曾是地跨欧亚、幅员辽阔的大帝国，也是一个由多民族形成的国家，元代的文化既有蒙古民族特色，又吸收了宋、辽、金文化营养。元代家具既承续了宋、辽、金的家具传统，又渗入了本民族的性格，形成了奔放粗犷、简朴自然、浑厚庄重的造型风格。元代家具的腿足样式，常常是动物的蹄、尾变形与写照，既生动又具有蒙古族特有的情趣。床榻、椅凳、桌案、盆架、镜架得到广泛的应用。抽屉桌、裹腿撑是这一时期的创新。

一、床、榻

（一）箱式大床

图 7-58 是元刘贯道《消夏图卷》中的床。床面光素，腿细直，其下带拖泥，圈口装壶门牙条，基本属汉文化传统做法。

图 7-58　箱式大床

（引自《上海博物馆集刊》第 9 期）

（二）围子榻

图 7-59 是元《事林广记》插图中的榻。此榻三面带围栏，左右低，似扶手，后面较高，栏杆间镶板，雕菱形纹和万字纹做装饰，步步高赶撑，床面与腿相交处装有角牙。这种栅栏式围栏具有鲜明的游牧民族特征。

图 7-59　围子榻

（引自胡文彦《中国家具鉴定与欣赏》）

二、案、桌、几

（一）案

1. 长条案

图 7-60 是明刘兑撰《娇红记》插图中的长条案。案面平素，直腿，足雕如意纹，是前代惯用的装饰手法。

图 7-60　长条案

（引自阮长江《中国历代家具图录大全》）

2. 翘头案

图 7-61 是清叶九如辑《三希堂画谱》中的翘头案。此案案面两端翘起，板式腿，有侧角。

图 7-61　翘头案
（引自阮长江《中国历代家具图录大全》）

（二）桌

1. 如意足方桌

图 7-62 是山西大同元墓壁画中的方桌。此方桌厚桌面刻有线脚，方腿，上端膨出，足雕如意纹，四面平撑。其基本承袭宋代样式。

图 7-62　如意足方桌
（引自《上海博物馆集刊》第 9 期）

2. 短牙头方桌

图 7-63 是元墓壁画上的方桌。桌面光素，腿间前后安单撑，左右安双撑，桌面与腿相交处装有雀替牙头，它与宋代方桌风格无异。

图 7-63 短牙头方桌
（引自《南方文物》2004 年第 4 期）

3. 裹腿撑饭桌

图 7-64 是内蒙古自治区昭乌达盟元墓壁画上的饭桌。桌面光素，方形矮腿，四面撑将四腿包裹，这种裹腿撑此前未见，是一种创新样式。

4. 燕形撑饭桌

图 7-65 是山西大同王青墓出土的饭桌。此桌造型粗犷新颖，桌面、四腿宽厚，如意足，两腿内云牙外又加燕形坠角，这也是一款全新的样式。

图 7-64 裹腿撑饭桌
（引自胡文彦《中国家具鉴定与欣赏》）

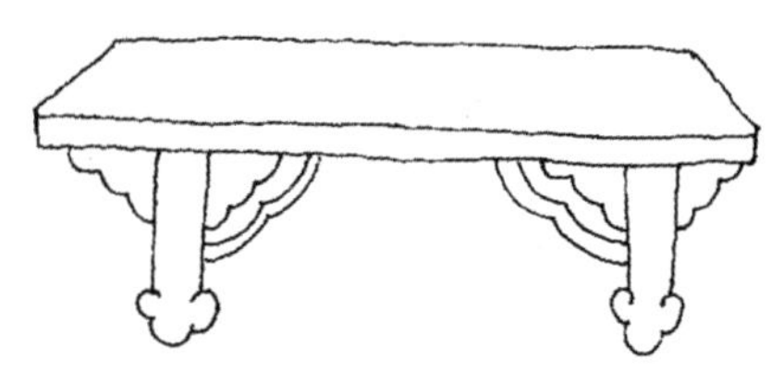

图 7-65 燕形撑饭桌
（引自阮长江《中国历代家具图录大全》）

5. 抽屉桌

图 7-66 是山西文水元墓壁画的抽屉桌。桌面下是两个抽屉，屉面上有装

饰与拉环，前两条腿为三弯腿，外翻兽足，腿上有花牙，腿下带拖泥。抽屉桌是元代家具的创新，为明清时期的抽屉桌开了先河。

图 7-66　抽屉桌
（引自《南方文物》2004 年第 4 期）

（三）几

图 7-67 是内蒙古自治区昭乌达盟赤峰市三眼井元墓壁画中的矮几。它的腿做两次弧形弯曲，形似弓，在曲线中间加四面平撑，外翻马蹄足。

图 7-67　弯腿矮几
（引自胡文彦《中国家具鉴定与欣赏》）

三、椅、凳

（一）椅

1. 靠背椅

图 7-68 是清叶九如辑《三希堂画谱》中的竹质靠背椅。除椅面是编织物

外，其他构件全用竹竿制作，搭脑两端出头，腿部上下各有一圈四面平撑，上撑加有矮老。此椅造型已与典型的明式靠背椅相差无几。

图 7-68 靠背椅

（引自阮长江《中国历代家具图录大全》）

2. 圈椅

图 7-69 是清叶九如辑《三希堂画谱》中的圈椅。此圈椅腿部造型与彩绘基本是唐代圈椅的延续，椅圈与扶手连为一体且向下倾斜，顶端外卷，成为新的样式。

图 7-69 圈椅

（引自阮长江《中国历代家具图录大全》）

3. 交椅

图 7-70 是元《事林广记》中的圈背交椅。它在元代非常流行，不仅野外出行时携带方便，也是显示主人身份地位的厅堂正中的重要陈设。此椅前腿顶部与椅圈相接，椅圈扶手顶端外卷，底端装拖泥；后腿与前腿相交，以轴为节点，底端装拖泥，顶端安横梁打眼，前腿上部装横梁打眼，在两横梁眼孔中穿绳索编制成可折叠的椅面，此种做法一直延续到明清时期。

图 7-70　交椅

（引自胡文彦《中国家具鉴定与欣赏》）

（二）凳

图 7-71 是元王实甫《西厢记》插图中的圆凳。此凳凳面下有高束腰，切开鱼肚光，三弯腿，足外翻，其下带拖泥，拖泥下有小角足。

图 7-71　圆凳

（引自阮长江《中国历代家具图录大全》）

四、架

（一）曲足盆架

图 7-72 是山西大同元墓壁画中的盆架。此盆架上部是雕花围板，六根三弯腿，足外翻，雕如意装饰，

围板与腿间加角牙。基本是宋代风格的延续。

图 7-72 曲足盆架
（引自胡文彦《中国家具鉴定与欣赏》）

（二）镜架

图 7-73 是江苏苏州出土的元代银质镜架。其造型像一把交椅，既可立放又可折叠。此镜架搭脑呈弓形，两端饰云纹，正中插一朵花饰；背板被撑分割成十个空间，均透雕花饰；后腿上端横梁正中安一镜托，承托着圆形铜镜。此镜架通体雕花，精美绝伦，是一件难得的稀世珍品。

图 7-73 镜架
（引自《古铜器收藏百问百答》）

第八章　明代家具

中国家具历时数千年，经过历朝历代的发展、演变、充实、创新、提高，为明代家具的发展打下了坚实基础，特别是宋代家具为明代家具风格的形成开了先河。没有宋代家具的先驱，就没有明代家具风格的铸造与辉煌，我国家具到了明代已进入成熟、完善时期，形成了自己独特的风格，被世人誉为“明式家具”。

实际上明代家具与明式家具是两个不同的概念。明代家具是指明代时期所设计与制作的家具，明式家具的涵盖面更广，它既包括明代时期制作的家具，也包括明代以后，乃至当今仿照明代家具造型风格所生产的家具。

1368 年，朱元璋建立了明政权后，政治、经济、对外贸易、民族文化交流，都得到较大的发展。商业、手工业、冶金业较之元朝发展更快。明朝建筑业也得到迅猛发展，统治者为彰显自己的丰功伟业、至高无限的权威，为追求奢侈腐化的生活，大兴宫殿、苑囿建设，带动了家具业的发展，为家具业的腾飞创造了有利的条件。

这一时期我国的航海业也取得辉煌的成就，郑和下西洋使得中外文化得到交流，从南洋诸国进口了大量的紫檀、黄花梨等硬木，成为明代家具发展的必备条件。另外，这一时期许多文人雅士热衷于家具使用、收藏、品玩及家具工艺的研究与设计，他们的美学修养、审美情趣对明代家具的艺术性产生相当大的影响。明代涉及家具的著作已有三部，即《三才图会》《鲁班经》《髹饰录》。其中，《鲁班经》记载了床榻、箱柜、椅凳、桌案、屏风等家具三十余种，包括造型、结构、尺度都有详细的记载，成为我国家具史上的里程碑。《髹饰录》是漆艺专著。髹，古籍上注释为“以漆漆物谓之髹”，俗话说“上漆”，古语称“髹漆”；饰，即装饰。《髹饰录》分为乾、坤两集，共十八章节。在乾集里讲的是原料、工具、操作禁忌等；在坤集里讲的是漆器的品种分类及制造方法。此书是当时漆器艺术的总结，说明了明代不仅漆器家具很发达流行，而且已上升成理论，指导当时漆器家具业的发展。

明代家具种类繁多、功能齐全，可归纳为六大类。

1. 床榻

到宋代我国已基本完成矮型家具向高型家具的转变，所以床榻成为明代家具不可缺少的重要组成部分。榻基本承续前朝，床已发展成三种形式，即罗汉床、架子床和拔步床，且床与足承（脚踏）组合使用。

2. 案、桌、几

（1）案是家具类里的一大项，既有陈放物品功能，又有观赏功能。案有多种形态，平头案、翘头案、架几案、书卷案、书案、琴案等。

（2）桌的功能与案基本相同，以陈放物品为主。有方桌、长方桌、圆桌、半圆组合桌、矮桌等形式。

（3）几，在宋代以前有两种：一种是凭几，人坐在席、榻上，为防止疲劳，将几放在身前或身后，背部或上肢凭依其上；另一种是陈放物品的几。到明代由于坐卧习俗的改变，凭几基本退出历史舞台，陈放物品成为几的主要功能。此时几分高矮两种，高几放在地上，主要摆放熏炉、盆景、花卉之类；矮几常摆放在床榻上，用于饮茶或看书。

3. 宝座、椅、凳、墩、足承

（1）宝座是皇室或王公大臣使用的坐具，用材珍贵，形体硕大，做工考究，装饰豪华。

（2）明代椅的种类齐全，交椅、圈椅、官帽椅、靠背椅、玫瑰椅、梳背椅等，且椅的形制具有等级划分。

（3）凳是一种不带靠背与扶手的坐具，体量小，便于搬动。凳有方凳、长方凳、条凳、圆凳等，还有带束腰和不带束腰之分。

（4）墩是上层社会喜欢的坐具，往往用于厅堂，与方桌、圆桌组合使用，造型也千姿百态，优美典雅。

（5）足承不是坐具而是踏具，但它常常与宝座、椅、床、榻组合使用。

4. 箱、柜、格、橱

（1）箱是一种储藏器具，外观比较简单，体量有大有小，也是家庭中必备的器具。

（2）柜也是储藏物品的器具，体量大的占多数。柜有四件柜、圆角柜、方角柜、立柜、条柜、书柜等，一般体量较大，也是家庭中不可缺少的器具。

（3）格属于柜的一种，有亮格柜、书格两种，尚未形成多宝格，常用于厅堂和书房，是一种具有展示作用的器具。

（4）橱是一种既能摆放又能储藏的两用器具。它是一种案与屉的结合体，实用价值很高，民间使用较多。

5. 屏类

屏是一种古老的器具，原始功能是挡风护身，到了明清时期这一功能已消失，主要起隔截空间、美化装饰、展示身份地位的作用。有折屏、座屏、插屏、挂屏四种。

6. 架、台类

架、台类包括衣架、盆架、灯台、镜台等，比起前朝其结构更加合理，造型更加美观，实用性更强。

明代家具结构科学合理，整体结构像中国古代建筑，有基座、柱、梁架、顶盖，并且腿、柱有收分，整体形态有侧角。例如，椅类，腿多为圆形，下粗上细，整体造型下宽上窄，同建筑上的收分、侧角，有异曲同工之妙。

明代家具，横竖构件相交处，一般都有“牙子”这个辅助构件，它的功能是起加固作用，同时也是一种装饰。由于牙子位置不同，称呼各异，有牙头、牙条、立牙、挂牙等，无论什么牙子，总的形态是无过多雕饰、简洁明快，基本有壶门牙子、替木牙子、云纹牙子几种形式。

明代家具总的造型风格是色彩亮丽稳重，结构科学合理，尺度大小适中，做工考究精细，造型简洁挺秀，装饰精美适度。明代家具使应用功能与艺术功能达到完美的统一，在国内外享有盛誉。

一、明代家具风采

图 8-1 是上海卢湾区赵家滨路明潘允徵墓出土的明代家具明器。中间为拔步床，床的左面有两组四件衣箱、一张矮桌、两个圆形的盆罐、一个衣架；床的右面有圆角柜、方桌、盆、盆架、衣架等。图 8-2 正中是一张平头案，其左右各放置一张扶手椅，前面中间放置方形炉及铜水壶，左右各一张矮桌，画面左边一张长方桌，其上陈设一尊三足鼎，画面右边放置一个圆角柜。以上虽然不是明代生活中的家具实物，而是明器模型，但通观两幅画面里的各种家具，我们可以明确看出，明代家具非常成熟，功能齐全，造型简洁挺秀，风格统一。

图 8-1　成套的明式家具明器之一
（引自《上海博物馆集刊》第 9 期）

图 8-2　成套的明式家具明器之二
（引自《上海博物馆集刊》第 9 期）

二、榻、罗汉床、架子床、拔步床

榻、罗汉床、架子床及拔步床均属于大型坐卧器具。榻与罗汉床，南北方都在使用，架子床与拔步床主要流行于南方。

（一）榻

榻的历史由来已久，南北朝以来基本没有大的变化。它是家庭中的坐卧器具，由榻面、腿、牙子、拖泥等构件组成。图 8-3 是一张明代榻，此榻承袭箱式榻样式，八根腿，内翻马蹄足，其下带拖泥。其造型简朴，干净利落，无多余装饰。

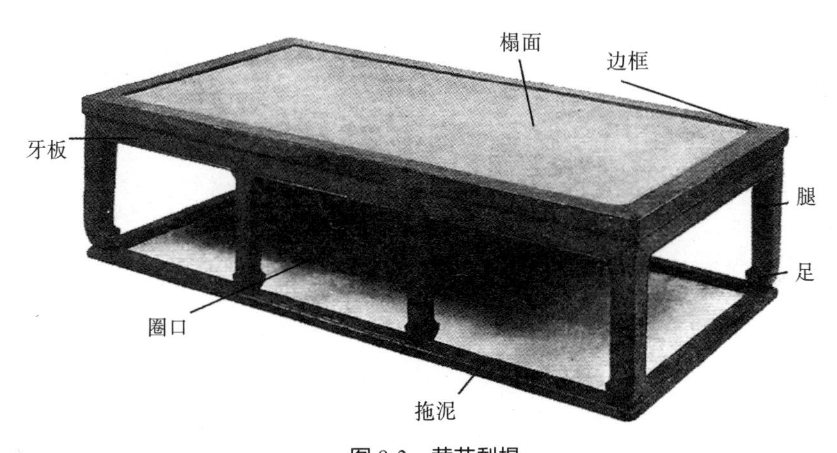

图 8-3 黄花梨榻
（引自马未都《马未都说收藏·家具篇》）

（二）罗汉床

罗汉床亦名弥勒床。此类床可能由于寺院僧人喜欢使用而得名。在明代，左、右、后三面带围栏的床，通称罗汉床。明代床围栏有两种形式，一种最为简朴，由三块独板构成，后面高，左右略低；另一种较为复杂，由小木块攒结成各种纹饰，比较活泼美观。罗汉床大小不一，体量大的放在卧室睡眠使用，也可称床，体量小的放在厅堂，往往床面正中摆放一张小的几、案，其上放置茶具、烟具，供两人坐卧在上饮茶聊天。其构件有床腿、床面、束腰、床围、撑、牙子等。

1. 紫檀藤面罗汉床

图 8-4 是明代罗汉床，紫檀木制作，长 217 厘米，宽 118 厘米，通高 96 厘米。此床用藤条编制床面，床面下带束腰，鼓腿素牙，内翻马蹄足；三面围栏，后面高左右低，后面分成三段，左右各分成两段，框内镶天然大理石。其造型简洁大方，自然美观。

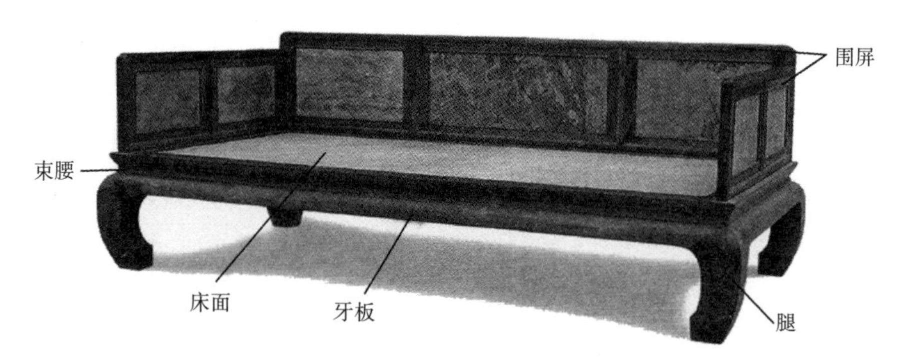

图 8-4 紫檀藤面罗汉床
（引自胡德生《明清家具鉴赏》）

2. 黄花梨十字攒斗罗汉床

图 8-5 是宫廷御用明代罗汉床，长 198.5 厘米，宽 93 厘米，高 89.5 厘米。其三面床围，为十字攒斗样式，后面高，上面由两横撑及矮老分割成四部分，并饰以卡子花，床面攒框镶席芯，有束腰，三弯腿，内翻云纹足，壶门卷口云纹牙板。

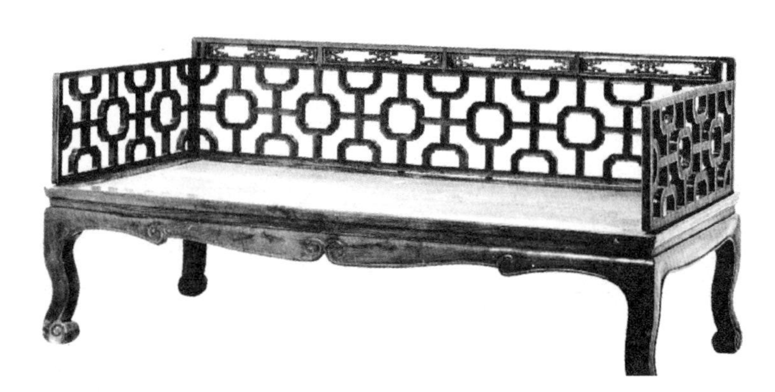

图 8-5 黄花梨十字攒斗罗汉床
（引自胡德生《明清宫廷家具》）

3. 绦环板围子罗汉床

图 8-6 是明代罗汉床，长 213 厘米，宽 130 厘米，高 79 厘米。床面攒框镶席芯，三面采用横撑、矮老攒框镶嵌绦环板开鱼肚光形式，牙条亦如此制作。其整个造型结构别具一格，独探骊珠。

图 8-6　绦环板围子罗汉床
（引自杨秀英《精品家具》）

4. 镶大理石屏心罗汉床

图 8-7 是一张明代黄花梨罗汉床。其三面围屏，每屏框内镶嵌天然大理石，由浮雕花纹内框加以固定，左右屏前安装掸瓶立牙；三弯腿，外翻兽爪足，看面雕花纹，牙板条浮雕卷纹。其整个造型典雅古朴，雕饰适度。

图 8-7　镶大理石屏心罗汉床
（引自路玉章《中国古家具鉴赏与收藏》）

5. 填漆戗金云龙纹罗汉床

图 8-8 是明代崇祯年间的宫廷御用罗汉床，长 183.5 厘米，宽 89.5 厘米，高 85 厘米。其三面板状围屏，方腿内翻马蹄足，壶门牙板宽大；里外通体红漆地，围屏及床身雕填戗金二龙戏珠、海水江崖、云纹、山石、栀子花、梅花、喜鹊等图案。其造型厚重威严，富丽堂皇。

图 8-8　填漆戗金云龙纹罗汉床

（引自胡德生《明清宫廷家具》）

6. 团花围栏罗汉床

图 8-9 是清代罗汉床，围栏用小木块攒接成团花纹饰，底部有亮脚，床面下有托牙，直腿内翻马蹄足，浮雕回纹，装饰精美细腻，更显得秀气美观。

图 8-9　团花围栏罗汉床

（引自徐振鹏《明代家具》）

7. 紫檀曲尺式围栏罗汉床

图 8-10 是明代罗汉床，长 224 厘米，宽 128 厘米，通高 83 厘米。其三面围栏，使用勾片纹，床面下带束腰，方腿内翻马蹄足，整个造型简明轻快，素雅大方。

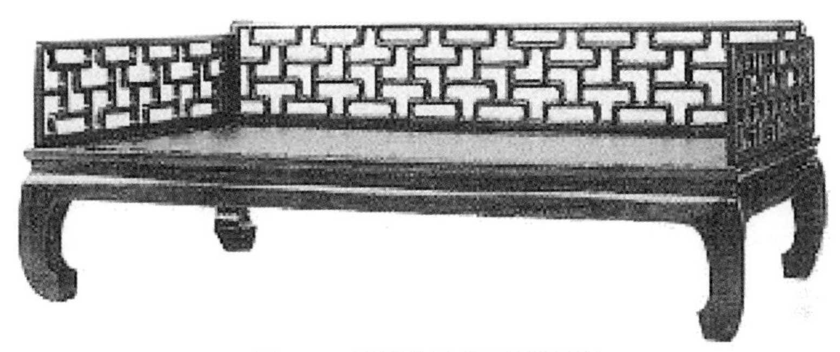

图 8-10　紫檀曲尺式围栏罗汉床
（引自《上海博物馆集刊》第 9 期）

8. 山形围屏罗汉床

图 8-11 是张明代罗汉床，床面下有束腰，鼓腿膨牙，内翻马蹄足。其三面围屏高低错落，形象似山屏立，每屏攒框镶板，并开横、竖鱼肚光，底下亮脚。其造型简洁，变化有序。

图 8-11　山形围屏罗汉床
（引自苏州拙政园藏）

9. 独板罗汉床

图 8-12 是一张明代罗汉床，围屏三面各由一块独板制作，有束腰，方腿，内翻马蹄足，壶门牙条。其造型挺秀、单纯、整洁。

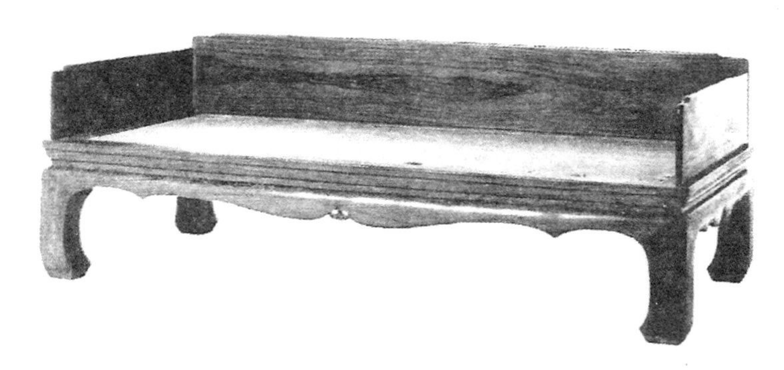

图 8-12 独板罗汉床
（引自马未都《马未都说收藏·家具篇》）

（三）架子床

架子床是南方流行的一种床，它与罗汉床的区别在于床面上的造型与结构。架子床床面上一般装有四根或六根立柱，三面设围栏，柱子顶着床顶（亦称承尘），形成一个四面搭架子，中间隔开独立的空间，很像一间古代建筑木结构房屋。它由腿、柱、床面、牙条、围栏、楣子、承尘等构件组成。架子床的优点是，夏天可以挂蚊帐防蚊虫侵扰，冬天挂幔帐保暖防风寒，另外它还具有很强的隐私性。

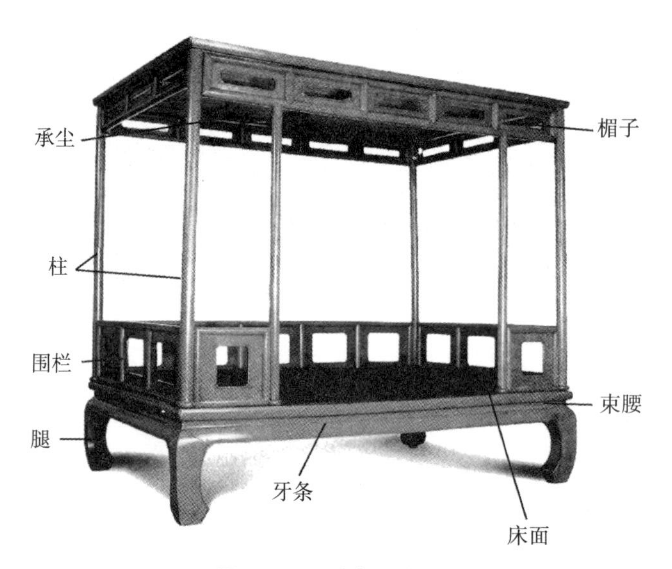

图 8-13 开光架子床
（引自胡德生《明清家具鉴藏》）

1. 开光架子床

图 8-13 是一张明代榉木架子床，长 216 厘米，宽 144 厘米，高 205 厘米。其床面下有束腰，鼓腿素牙，内翻马蹄足；六柱式，前四柱，内两根将前面分成三部分，中间宽，为上下门，左右窄，安装护板，三面围板与护板开矩形光；承尘下有楣子，前后各分成五段，左右各分成三段，楣板开鱼肚光。其整个造型简明整洁，无多余雕琢。

2. 大画罩架子床

图 8-14 是一款明代红木架子床，四柱式。其前面安装透雕大花罩，三面围栏安装如意纹棂花及卡子花，三面上部装罗锅撑，左右后三面楣板开鱼肚光；床面下有束腰，鼓腿膨牙，内翻马蹄足，牙板浮雕云纹。其整个造型俊俏富丽。

图 8-14　大画罩架子床

（引自陈泽辉《长沙地区文物精华民藏卷（下）》）

3. 中空花围架子床

图 8-15 是明代四柱式架子床。其三面围栏由横撑分上下两部分，上面加小套环卡子花，下面加大套环卡子花，承尘下四面楣子为圆与半圆连环透雕，

四条腿做成曲线形，直牙条，虽粗壮却不显笨拙。

4. 万字围架子床

图 8-16 是一张明代架子床。其围栏为镂空万（卐）字形，楣子较窄，攒框镶板镂空开光，直牙条，方腿，内翻马蹄足。

图 8-15　中空花围架子床
（引自杨耀《明式家具研究》）

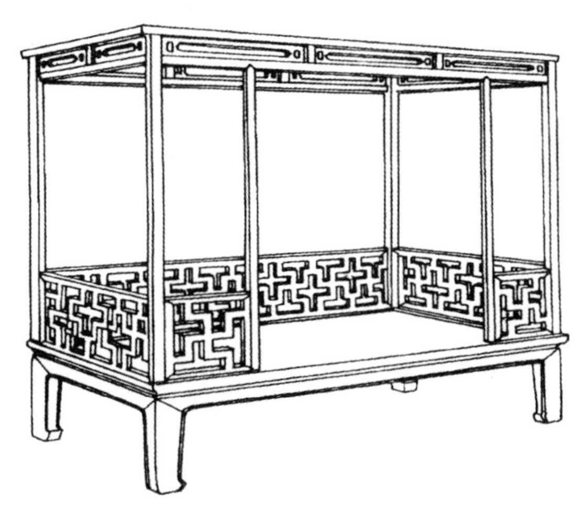

图 8-16　万字围架子床
（引自杨耀《明式家具研究》）

5. 六柱式架子床

图 8-17 是明代架子床。六柱式，床面下带束腰，束腰下牙板浮雕卷草纹，三弯腿，外翻马蹄足；楣子透雕宝珠纹、火焰纹，以对称凤纹相衬托；左右透雕行龙纹，正面门围栏透雕麒麟图案；三面围子透雕四簇云纹。其刀工精细，纹样质朴，造型端庄。

图 8-17　六柱式架子床

（引自宋明明《走进博物馆丛书：上海博物馆》）

（四）拔步床

拔步床是架子床的一种，体量最大，结构最复杂。它前后由浅廊和架子床组成，好似带廊的小屋。它出现在明代晚期，江南地区流行，北方少见。拔步床的浅廊，左右空间可放置桌、案、梳妆台、凳、便桶等器具，梳妆、方便都可在这个空间内完成。

1. 棂花围拔步床

图 8-18 是上海市明墓出土的明器拔步床，虽然是明器模型，在地下埋藏数百年，也有一些变形，但总体感觉与真实床没太大区别。其为十柱式，前廊后床，棂花式床围门围，做工精细。通过它可以了解当时拔步床的基本造型和制作工艺水平的高低。

图 8-18 棂花围拔步床
（引自《上海博物馆集刊》第 9 期）

2. 万字围拔步床

图 8-19 是明代十柱式拔步床。其门围与床围都饰以万字棂花纹，楣板开鱼肚光。

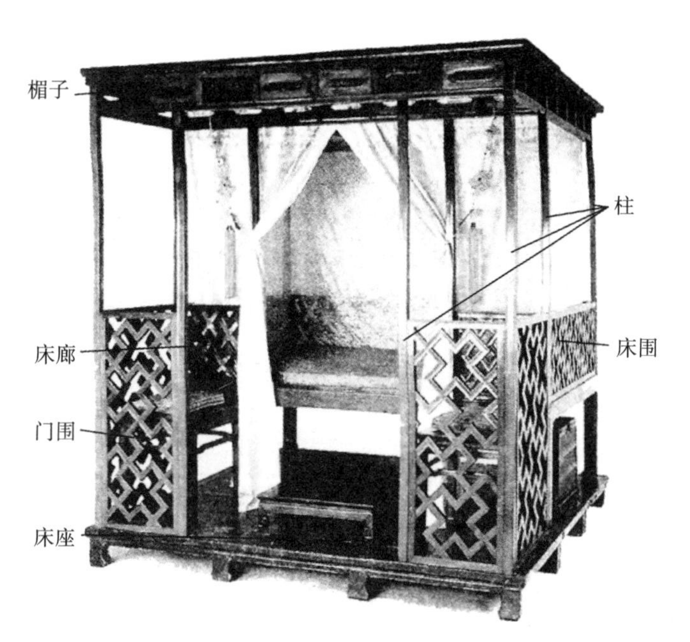

图 8-19 万字围拔步床
（引自马未都《马未都说收藏·家具篇》）

3. 垂花柱式拔步床

图 8-20 是明代拔步床，长 239 厘米，宽 232 厘米，高 246 厘米。其门围及床围挡板雕有麒麟、凤凰、牡丹、卷草纹等图案，挂檐及楣板透雕古代人物故事，造型端重浑厚，做工精细讲究。

图 8-20　垂花柱式拔步床
（引自胡德生《明清家具鉴藏》）

4. 金丝楠拔步床

图 8-21 是明代拔步床，金丝楠木制作，长 2.4 米。前廊上部做垂花结构，床围、廊围做三种不同形式的棂花装饰。其造型大方典雅，富丽挺秀。

图 8-21　金丝楠拔步床
（引自陈泽辉《长沙地区文物精华民藏卷（下）》）

5. 万字纹拔步床

图 8-22 是一款明代拔步床。其楣子镶板透雕万字纹，其下挂落透雕万字纹，门围、床围、挂落等部位皆以万字纹做装饰。

图 8-22 万字纹拔步床
（引自马未都《马未都说收藏·家具篇》）

三、案、桌、几

案、桌、几均为陈放物品的器具，它们的造型样式很接近，很容易混淆。但仔细观察仍可区分辨别。

（一）案

案是一种陈放物品的器具，大型案一般放置在室内迎面主位，常与八仙桌、椅组合使用。它由案面、牙、腿、撑、圈口、挡板、拖泥等构件组成。桌与案，往往难于区分，它们的功能基本相同，都是陈放器物的器具，区别在于腿部结构：（1）腿的位置与案面两端的关系，案面两端探出者称案，腿在四角者称桌；（2）案的左右腿的前后往往镶具有雕饰的圈口和挡板，而桌则没有这种构件；（3）案的腿有的直接落地，有的不直接落地，落座在拖泥上，而桌则没有拖泥之例。案有多种，包括平头案、翘头案、书卷案、架几案、书案、琴案等。前四种以造型、结构命名，后两种以使用功能命名。

1. 平头案

案面平直者称平头案，与翘头案相比较而言。案面左右两端伸出腿足以外，它由案面、腿、撑、牙子等构件组成，前后腿间往往安装双撑。

黑漆嵌螺钿云龙纹平头案 图8-23是明代万历年间的宫廷御用平头案，通体黑漆，满镶螺钿图案。案面嵌坐龙、行龙、云纹，沿面镶行龙宝珠、云纹，如意云头牙板，嵌二龙戏珠，曲龙云纹，泥鳅背直腿，嵌立龙戏珠，案里嵌螺钿“大明万历年制”。它为明代平头案之珍宝。

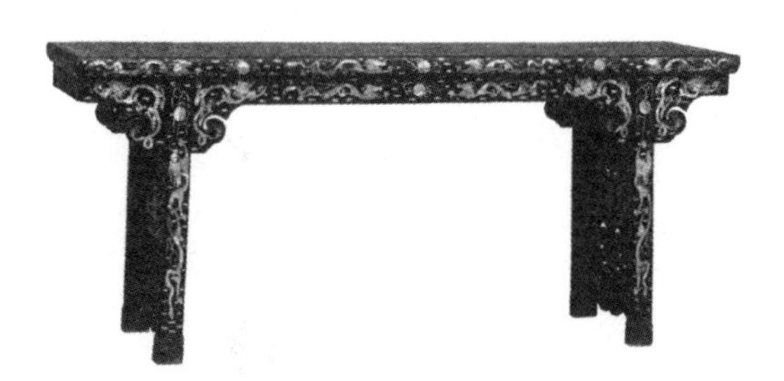

图8-23 黑漆嵌螺钿云龙纹平头案
（引自胡德生《明清宫廷家具》）

双撑平头案 图8-24是一张明代黄花梨平头案，长180厘米，宽58厘米，高82厘米。案面由一块独板制作，边框宽大，圆腿，替木牙头，直牙条，两侧各有两根横撑。其造型素雅大方。

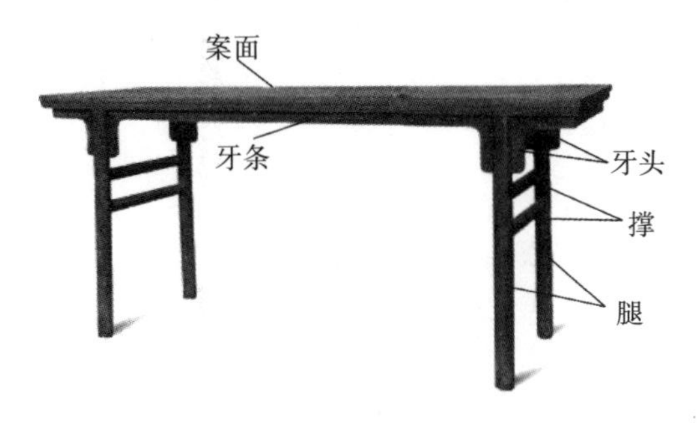

图8-24 双撑平头案
（引自胡德生《明清家具鉴藏》）

云纹牙平头案之一 图 8-25 是一张明代黄花梨平头案。它与图 8-24 案的造型、结构基本相同，只是牙头不同，此案牙头为透雕云纹形，直牙条，前后腿间装双撑。

图 8-25 云纹牙平头案之一
（引自胡文彦《中国家具鉴定与欣赏》）

云纹牙平头案之二 图 8-26 是明代黄花梨平头案，长 178 厘米，宽 69 厘米，高 82 厘米。案面光素，牙板两端呈卷云状，直腿混面，左右双撑。

图 8-26 云纹牙平头案之二
（引自杨秀英《精品家具》）

栅栏腿平头案 图 8-27 是明代平头案，长 147 厘米，宽 63 厘米，高 82 厘米。案面光素，替木牙子，栅栏腿，其下带拖泥。

图 8-27 栅栏腿平头案

（引自李强《中国明清家具赏玩》）

2. 翘头案

翘头案是家庭中常用的一种案，往往放置于厅堂或其他房间对着门的墙前，它常常与方桌和左右各一把椅子配套使用。翘头案的案面两端各加一个条形构件，造成案面两端翘起，打破呆板的直线，也有保护案面上物品不掉落的功能。翘头案的翘头有两种做法，一种是翘头与案面抹头一木连做，另一种是翘头单做，而后用卯榫结构将翘头安装在抹头上，明代做法基本属于前种。

翘头案腿多为方直腿，与案面搭接往往使用插肩榫、夹头榫和托角榫结构。足下带拖泥，前后腿之间安装圈口牙子和带有各种雕饰的挡板。

草龙牙头翘头案　图 8-28 是一张明代紫榆木翘头案，长 193 厘米，宽 40 厘米，高 88 厘米。案面两端装翘头，牙头透雕草龙纹，左右两腿间各有两根横撑，腿足下端微微出叉，称“骑马叉”。其造型端正庄重，装饰适度。

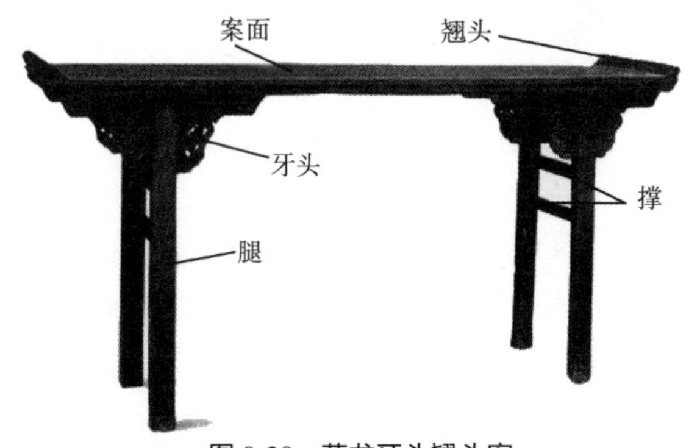

图 8-28 草龙牙头翘头案

（引自胡德生《明清家具鉴藏》）

如意纹圈口翘头案　图8-29是一张明代黄花梨翘头案。翘头与抹头一木连做，牙头雕云纹，腿下带拖泥，圈口镶挡板透雕如意纹。其造型稳重不失华美。

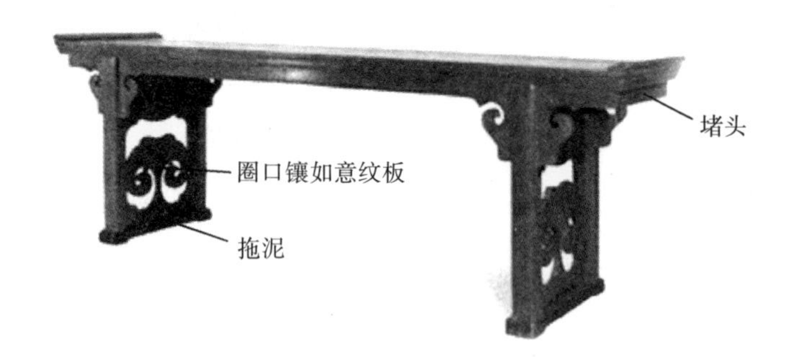

图8-29　如意纹圈口翘头案
（引自胡德生《明清家具鉴藏》）

夹头榫翘头案　图8-30是一张明代黄花梨翘头案。案面下堵头与牙头合围，替木牙头，左右圈口留空，方腿下带拖泥。其造型简洁俊秀。

图8-30　夹头榫翘头案
（引自胡文彦《中国家具鉴定与欣赏》）

铁力木如意形挡板翘头案　图8-31是明代崇祯年间的宫廷御用翘头案，长343.5厘米，宽50厘米，高89厘米，铁力木制作。案面独板，厚近三寸，两端起翘，案面、翘头、两端堵头三者一木连做，云纹牙子，四腿素混面，其下带拖泥，左右圈口吊装如意形挡板。其整个造型恢宏博大，气势磅礴。

图 8-31　铁力木如意形挡板翘头案
（引自胡德生《明清宫廷家具》）

夔凤纹翘头案　图 8-32 是明代黄花梨翘头案，长 225 厘米，宽 53 厘米，高 91 厘米。案面侧沿打洼，两端起翘，牙条、牙头一木连做，牙头透雕夔凤纹，直腿混面雕双皮线条，其下带拖泥，左右圈口挡板透雕夔龙纹。其整体造型硕大浑厚，雕饰精美，颇具皇家气势。

图 8-32　夔凤纹翘头案
（引自胡德生《明清宫廷家具》）

回纹牙板翘头案　图 8-33 是一款明代樟木翘头案，长 200 厘米，宽 40 厘米，高 80 厘米。替木牙头与牙条皆浮雕回纹，方腿，腿带拖泥，左右圈口透雕花饰。

图 8-33　回纹牙板翘头案
（引自夏风《古典家什金屋藏秀》）

紫檀雕龙翘头案　图 8-34 是一款明代紫檀翘头案，长 250 厘米，宽 45.5 厘米，高 105 厘米。案面下牙条、牙头雕云龙纹，左右圈口留空，纹理细腻，走刀流畅。

图 8-34　紫檀雕龙翘头案
（引自《中国博物馆观赏》）

剑形腿翘头案　图 8-35 是明代翘头案，黄花梨制作，长 118 厘米，宽 42 厘米，高 80 厘米。案面两端微微起翘，云纹牙子，剑形腿，足雕云纹，左右双撑。

图 8-35　剑形腿翘头案
（引自杨秀英《精品家具》）

3. 架几案

架几案造型与结构与前两种案截然不同，它是由一块案板和两张独立的几组成，平时将案板搭放在左右几上，以两几为腿。此案一般比较素雅，无过多装饰。其优点是便于移动，装卸方便。

带拖泥架几案　图 8-36 是明代架几案，它由案板和两个几组成，几中段带屉，腿下带拖泥。其整个造型单纯质朴，简洁稳重。

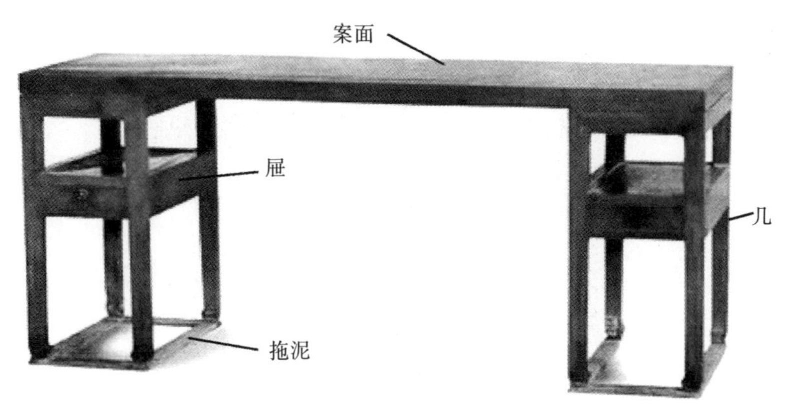

图 8-36　带拖泥架几案
（引自胡德生《明清家具鉴藏》）

乌木架几案　图 8-37 是明代架几案，乌木制作，长 208.5 厘米，宽 37 厘米，高 92 厘米。案板光素，侧面打洼，几中段有屉，腿底四面有撑。其造型清秀简朴。

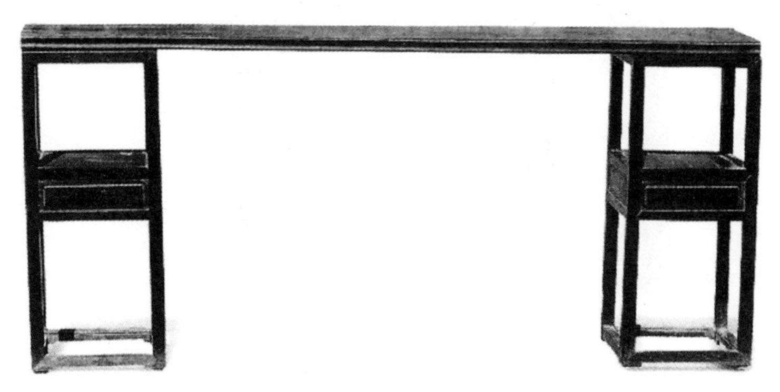

图 8-37　乌木架几案
（引自胡德生《明清家具鉴赏》）

（二）桌

桌由几、案演化而来。它的四根腿处于桌面下四角，桌面不探出，桌面可陈放东西，或做事情用，如吃饭、读书、绘画等。它由桌面、腿、牙、撑、抽屉等构件组成，功能多，式样繁。从形状上讲，有方桌、半桌、长方桌、圆桌、半圆桌等；从功能上讲，有饭桌、书桌、琴桌等；从结构上讲，有带束腰和不带束腰之分。

1. **方桌**

方桌亦称八仙桌，大者可坐八人，有带束腰和不带束腰之别，常见的有霸王撑、罗锅撑、一腿三牙等样式，直撑、十字撑也有。撑的功能为连接腿与腿或腿与牙，起加固腿的作用。霸王撑是一种短撑，拱形，一端安装在腿的上部，另一端与牙条连接；罗锅撑是一种长撑，撑的两端向下弯，而后再弯平，安装在两腿之间的上部；一腿三牙，是指除横向、纵向牙头外，在桌面 45° 方向，腿的上部还安装一个牙头。桌的撑都在腿的上部，为给人坐下后放腿留出空间。

十字撑方桌　图 8-38 是一张明代黄花梨方桌。桌面下有束腰，壶门牙板透雕云纹，方腿，中部有云纹雕饰，内翻马蹄足，十字撑。其造型稳重端庄，略显笨重。

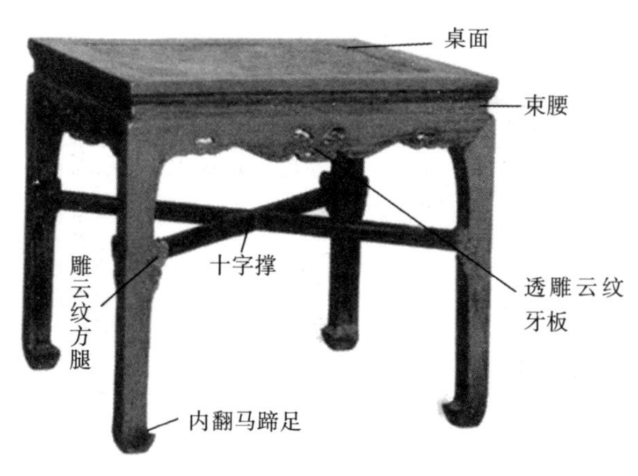

图 8-38　十字撑方桌

（引自胡德生《明清家具鉴藏》）

楠木束腰方桌　图 8-39 是一款明代方桌，楠木制作。桌面四框较宽，面芯镶嵌异木，造成色彩纹理的变化，束腰开鱼肚光，方腿内翻马蹄足，罗锅撑上加两根矮老。其造型简洁朴实。

图 8-39　楠木束腰方桌

（引自夏风《古典家什金屋藏秀》）

黄花梨书桌　图 8-40 是一张明代黄花梨书桌，长 94 厘米，宽 94 厘米，高 87 厘米。此桌通体构件除桌面外，看面都打洼，束腰中心起阳线，四面平撑上加矮老，横撑与腿间有燕形坠角。其造型严整中不失活泼。

图 8-40　黄花梨书桌

（引自胡德生《明清家具鉴藏》）

黄花梨石面方桌　图 8-41 是明代黄花梨方桌，长宽各 106 厘米，高 88 厘米。其宽桌面攒框镶大理石，直腿，看面起阳线，一腿三牙，即除横向、纵向牙子外，在案面角部 45° 的位置下，腿的上端还安装一个相同的牙头，故称“一腿三牙”，罗锅撑高出部分与牙条紧贴。其造型疏密有致，朴素大方。

图 8-41 黄花梨石面方桌
（引自杨秀英《精品家具》）

2. 半桌

顾名思义，半桌是对方桌而言，为方桌的一半。一般做成一对，可合在一起当方桌用，也可单独对称使用。

图 8-42 是明代黄花梨瓶式足半桌，长 108 厘米，宽 58 厘米，高 84 厘米。桌面较薄，束腰很窄，牙板浮雕草龙纹，圆腿，足似瓶，坠角圆雕草龙纹撑。其造型清秀俊俏，柔美靓丽。

图 8-42 黄花梨瓶式足半桌
（引自杨秀英《精品家具》）

3. 长方桌

长方桌一般指长宽比在 3∶1 以内的桌，超过此比例，谓之条桌。

如意足长方桌　图 8-43 是明万历书业堂、玉茗堂刻本《紫钗记》插图中的长方桌。其四面平式，没有凹凸，非常平整，方腿，足雕如意纹。其造型简约，整体感强。

图 8-43　如意足长方桌

（引自《紫钗记》插图，中国艺术研究院戏曲研究所藏）

裹腿撑长方桌　图 8-44 是明代黄花梨长方桌，长 156 厘米，宽 56 厘米，高 87 厘米。桌面光素，圆腿裹腿撑，撑中刨沟打圆，似重撑合一，牙条、矮老亦同样做法。其造型简洁明快。

图 8-44　裹腿撑长方桌

（引自杨秀英《精品家具》）

霸王撑长方桌　图 8-45 是明代长方桌，长 112.5 厘米，宽 48.5 厘米，高 86 厘米。桌面两端微微起翘，大边、抹头、腿三处为棕角榫结构，三个暗屉矮似束腰，内翻马蹄足，霸王撑。此桌造型结构较为罕见。

图 8-45　霸王撑长方桌
（引自杨秀英《精品家具》）

罗锅撑长方桌　图 8-46 是明代长方桌，长 169 厘米，宽 72.5 厘米，高 84 厘米。大边、抹头宽厚，攒框镶芯板，混面冰盘沿，四腿外圆内方，罗锅撑上加套环矮老。

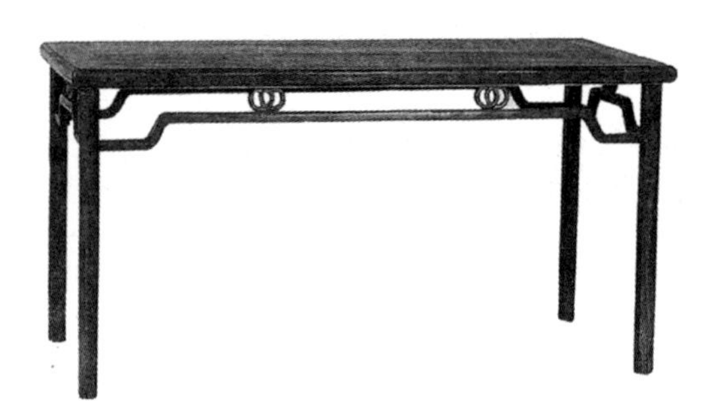

图 8-46　罗锅撑长方桌
（引自杨秀英《精品家具》）

紫檀画桌　图 8-47 是一款明代画桌，紫檀木制作，长 173.5 厘米，宽 86.5 厘米，高 81.3 厘米。桌面下无束腰，无线脚，四面平式，与腿直接相交，干净利落，方腿内侧与牙条略做云纹雕饰。其造型端庄、沉稳，与书画等实用功能相协调。

图 8-47　紫檀画桌

（引自夏风《金屋藏娇：紫檀•黄花梨》）

石面桌　图 8-48 是一款明代早期的半桌，通体朱漆，长 110 厘米，宽 71.5 厘米，高 94 厘米。桌面镶嵌天然石，花牙透雕，前后加罗锅撑，撑身带有卷叶状雕饰，两侧为撑，中段与牙条相接，左右各双撑。它是明代早期半桌的典型代表。

图 8-48　石面桌

（引自卫松涛、李宁《山东鲁荒王墓》）

围栏供桌　图 8-49 是明代黄花梨木供桌，长 118 厘米，宽 67 厘米，高 96 厘米。桌面左、右、后三面带矮栏杆，柱头圆雕狮首，绦环板开鱼肚光，桌面下有束腰，三弯腿，向四角方向外展后收缩，足下带拖泥。其整个造型丰厚、素雅。

图 8-49 围栏供桌

4. 炕桌

炕桌是一种小型矮桌。北方人冬天习惯在炕上睡眠、休息、吃饭，炕上常放张炕桌，既可用于餐饮，也可凭依。

圆足腿炕桌　图 8-50 是明代黄花梨炕桌，长 96 厘米，宽 68 厘米，高 30 厘米。桌面下有束腰，三弯腿，足外翻雕滴珠，壶门牙板两端雕如意花纹。其造型端庄，装饰适度。

图 8-50 圆足腿炕桌

（引自杨秀英《精品家具》）

三弯腿炕桌　图 8-51 是明代黄花梨炕桌，长 98 厘米，宽 66 厘米，高 33 厘米。桌面下带束腰，三弯腿，牙板浮雕花饰。

图 8-51　三弯腿炕桌
（引自杨秀英《精品家具》）

（三）几

几与桌、案没有截然区别，几面一般比较狭长，有高低两种形式。几到明清时期，已失去凭依功能，主要用于陈放器物或书画、演奏琴瑟之用。

1. 卷腿几

图 8-52 是一款明式几。几面光素，板式腿，开鱼肚光，足部向里卷。其造型整洁，装饰素雅。

图 8-52　卷腿几
（引自马未都《马未都说收藏·家具篇》）

2. 红木雕平头几

图 8-53 是明代平头几，长 98 厘米，宽 31 厘米，高 97.5 厘米。几面光素，腿足向里做拐子纹，左右两面各加三撑，一撑、二撑间镶板开光，牙条作透雕变形龙纹。此几构思独特，殊为难得。

图 8-53　红木雕平头几
（引自杨秀英《精品家具》）

3. 黄花梨高几

图 8-54 是明代黄花梨高几。几面六边形，带束腰，六片荷叶边，四腿修长外撇，其下带拖泥。

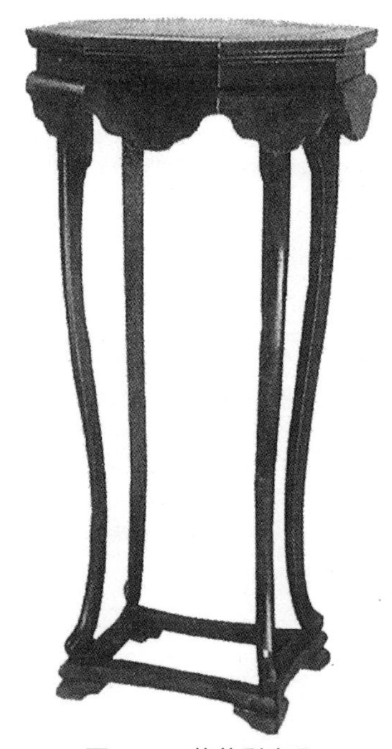

图 8-54　黄花梨高几
（引自杨秀英《精品家具》）

四、宝座、椅、凳、墩、足承

（一）宝座

宝座是宫廷、皇家王府园林、皇家庙宇处，专供皇帝、后妃或王公大臣使用的器具。如故宫的三大殿、寝宫的正厅迎面，都放置一张宝座，它常常与座屏、香几、角端、宫扇组合使用，是皇宫一组家具中的主体家具。平时它只是一种陈设，皇帝只有上朝或接见大臣处理政务时才坐在上面。宝座是一种特型椅，它的结构、造型与罗汉床没严格区别，可能是由罗汉床演变而来，它不是一般的椅，而是体量较小的床榻。与其他椅类相比，其特点是用料名贵，体量硕大，做工考就，装饰豪华。其图案常以海水江崖、云龙纹、凤纹、莲花纹等为主。

图 8-55 是北京故宫博物院收藏的明代宝座，除座面、束腰外，其他部分如靠背、扶手、牙子、腿乃至足承均雕刻莲花纹。其造型端庄雄劲，纹理流畅圆润，是件珍贵的艺术珍品。

图 8-55　雕荷花纹宝座

（引自阮长江《中国历代家具图录大全》）

（二）椅

椅是一种有靠背或还有扶手的坐具。椅的种类很多，有交椅、圈椅、靠背椅、官帽椅、玫瑰椅、疏背椅等。

1. 交椅

交椅是一种能折叠、携带方便的坐具。它来源于北方游牧民族的胡床，亦称“绳床”，其结构为前后两腿交叉，以轴做交接点，前腿上部做扶手与靠背，下端装拖泥，后腿下端装拖泥，上端加横梁，前腿上部加横梁，两根梁上穿绳或以皮革代椅面。明清两代把有椅圈、靠背的称作交椅，把没有椅圈、靠背的称作“交杌”或“马扎”。因它能折叠，便于行走携带，最早用于军营，供有身份地位的长官坐用，常根据级别排列交椅顺序，故有“第几把交椅”一说。宋、元、明、清时期的皇帝、大臣都带着交椅外出巡游、打猎，便于随时打开，坐上休息。所以交椅等级较高，只有身份地位高的家庭，客厅才能摆设交椅。交椅分圈背、直背两种。

圈椅式交椅　图 8-56 是一款等级较高的明代黄花梨交椅。马蹄形椅圈，扶手顶部外卷，背板用横撑分为三段，上部为如意形蟠螭纹透雕，中部为麒麟、葫芦纹透雕，下部为亮脚。其椅背、扶手、腿与拖泥等构件相交处，皆使用铜饰，既起加固作用，又起装饰作用。

图 8-56　圈椅式交椅

（引自宋明明《带你走进博物馆丛书：上海博物馆》）

黄花梨圆靠背交椅　图 8-57 是明代交椅。其靠背有两根立柱加两根横撑镶板组成，上下分三份，上份镶板雕花饰，中间镶平素板，下部为亮脚，镶壶门牙板，其他基本与前者相同。

躺椅式交椅　图 8-58 是一款明代交椅。椅背上另加搭脑，整个造型似躺椅。

直背交椅　图 8-59 是一款明代交椅。其直背似屏，透雕拐子纹、异型纹，构件交接处皆以铜活加固。其雕饰精细，款式新颖。

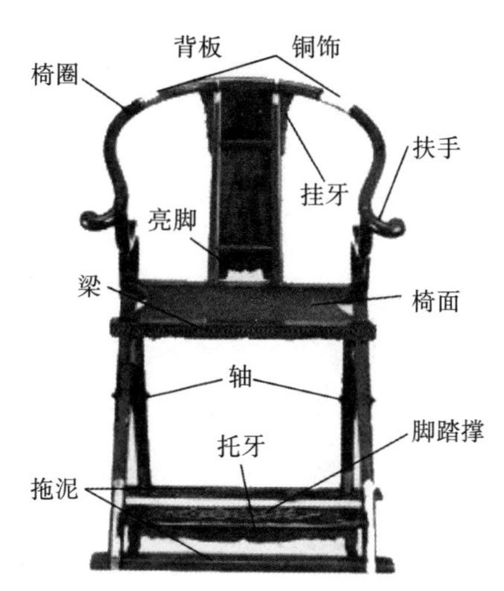

图 8-57　黄花梨圆靠背交椅
（引自胡德生《明清家具鉴藏》）

图 8-58　躺椅式交椅
（引自马未都《马未都说收藏·家具篇》）

图 8-59　直背交椅
（引自马未都《马未都说收藏·家具篇》）

2. 圈椅

圈椅是一种靠背与扶手连为一体的椅子，扶手两端呈“蛇头”向外卷出，形成一个马蹄形圈，故名圈椅。其椅面以上构件由背板、立柱、联邦棍、鹅脖组成，下部构件与其他椅没大区别。圈椅背板呈“S”形，一般由一块光素独板制作，局部有浮雕。人坐在圈椅上，不仅背部可以依靠，而且胳臂与手都可以搭在扶手上，符合人体工程学的要求，人坐上很舒服。圈椅是明代椅子的典型式样。

狮纹透雕背板圈椅　图 8-60 是一款明代黄花梨圈椅。背板上部有如意形狮纹透雕，左右加挂牙，底部有亮脚，前后腿上部与椅圈相交处皆加挂牙，借以增加稳定性及装饰性，椅面下装壶门圈口。

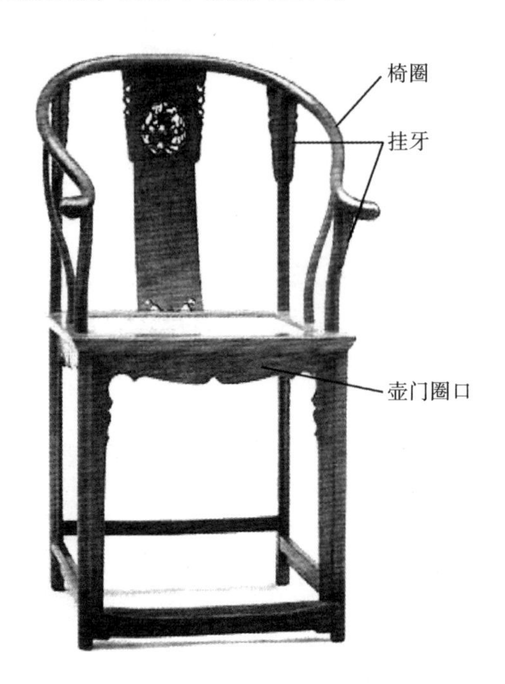

图 8-60　狮纹透雕背板圈椅
（引自《中国博物馆观赏》）

雕螭纹靠背圈椅　图 8-61 是明代黄花梨圈椅，宽 63 厘米，进深 49 厘米，通高 103 厘米。椅面攒框镶席心，弧形椅圈自上而下伸展，两端向外卷，靠背向后微曲，浮雕双螭纹，腿外圆内方，有侧角收分，壶门圈口浮雕卷草纹，步步高赶撑，踏脚撑下由牙板支撑。

图 8-61　雕螭纹靠背圈椅
（引自胡德生《明清宫廷家具》）

黄花梨圈椅　图 8-62 是一对明代黄花梨圈椅，宽 60 厘米，进深 47 厘米，通高 99 厘米。靠背与扶手连为一体，扶手顶端呈弧形外撇；背板呈“S”形，上部饰一圆形浮雕；椅面下装壶门圈口牙板，步步高赶撑，踏脚撑下装素牙板。

图 8-62　圈椅
（引自胡德生《明清家具鉴藏》）

铁梨木圈椅　图 8-63 是明代铁梨木圈椅。其背板上端浮雕螭龙纹，牙板两端膨出，亦浮雕螭纹。

图 8-63　铁梨木圈椅

（引自陈泽辉《长沙地区文物精华民藏卷（下）》）

黄花梨透雕麒麟纹圈椅　图 8-64 是明代宫廷御用圈椅，宽 59.5 厘米，进深 49 厘米，通高 130 厘米。搭脑、扶手连为一体，扶手顶端外卷呈圆形，背板向外呈弧形，上部浮雕麒麟纹，鹅脖外端与扶手相交处有挂牙，椅面攒框镶藤席芯，三面壶门圈口牙板雕卷草纹，立柱与腿一木连做，步步高赶撑，踏脚撑下有牙板支撑。

图 8-64　黄花梨透雕麒麟纹圈椅

（引自胡德生《明清宫廷家具》）

3. 靠背椅

靠背椅是椅中最简单的一种，它由椅面、腿、搭脑、靠背、横撑等构件组成。靠背椅有两种形式：一种是搭脑两端与立柱顶端相交，两端不出头，称“一统碑”式；另一种是搭脑两端出头并向上微翘，好像灯杆，亦称“灯挂椅”。靠背椅一般体量较小，搬动方便。

灯挂椅　图 8-65 是一张明代黄花梨灯挂椅，宽 51 厘米，进深 54 厘米，通高 132 厘米。椅面落堂镶板，搭脑两端出头，背板上下开光，中间贴异木薄板为饰，椅面与腿间饰以燕形坠角，横撑按步步高式安装，踏脚撑下有牙条相托。

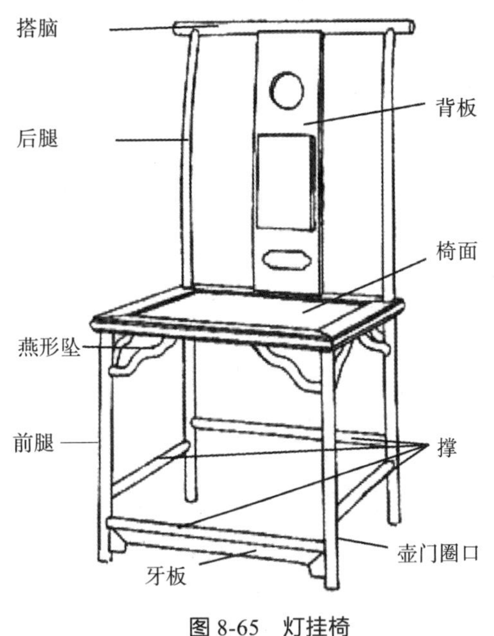

图 8-65　灯挂椅

（引自阮长江《中国历代家具图录大全》）

素背板灯挂椅　图 8-66 是一款明代灯挂椅。搭脑两出头，背板光平，椅面落堂做法，牙板平素，四面单撑，踏脚撑下有牙条承托。

壶门圈口灯挂椅　图 8-67 是明代黄花梨灯挂椅，宽 50 厘米，进深 39 厘米，高 109 厘米。搭脑两出头，靠背光素，圆腿、圆撑，踏脚撑下有牙板承托，椅面下装壶门圈口牙板。其造型高挑、淡雅。

图 8-66　素背板灯挂椅

（引自马未都《马未都说收藏·家具篇》）

图 8-67　壶门圈口灯挂椅

（引自杨秀英《精品家具》）

4. 官帽椅

官帽椅是在靠背椅的基础上，左右加扶手而成，所以也称扶手椅。因样式很像古代官员所戴的帽子，故亦称官帽椅。官帽椅根据搭脑与扶手出头与不出头，分为南官帽椅和四出头官帽椅两种。

南官帽椅的特点是，搭脑两端与椅背立柱做软圆角卯榫衔接，立柱顶端做榫，搭脑顶端底部做卯口，使两者交合在一起。明清两代官帽椅结构与造型存在一些差别：（1）明代官帽椅后面的椅腿与靠背立柱为一木连做，靠背比较牢固，清代官帽椅则分为两个构件，腿是腿，立柱是立柱，靠背能否牢固稳定，要靠扶手给力；（2）明代官帽椅大多带有背倾角，清代官帽椅多没有背倾角，而是完全垂直；（3）明代官帽椅背板呈“S”形，多由一块独板制作，也有少数攒框镶板做法，用横撑分成 3 或 4 个空间，镶板做雕饰，清代官帽椅，靠背和扶手往往采用围屏式，强化了装饰性。

四出头官帽椅，搭脑两出头，扶手前面也探出鹅脖以外，并在鹅脖与后腿之间加一联帮棍构件。官帽椅背部既可倚靠，两臂又可以搭放在扶手上，久坐减轻疲劳。它是明清生活中最常用的一种椅子，往往摆放在方桌左右，配套使用。

罗锅撑四出头官帽椅　图 8-68 是明代官帽椅。椅面落堂镶板，背板上部浮雕如意纹图案，椅面下三面安装罗锅撑，撑上各加两个矮老。其造型宽敞、稳定。

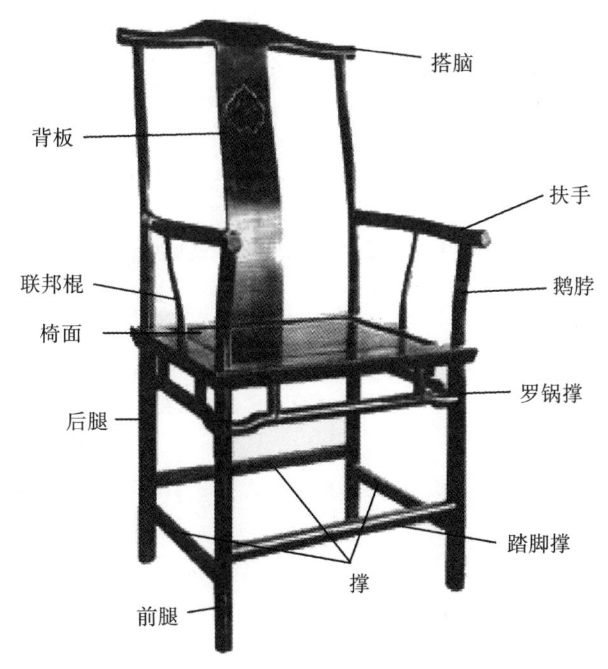

图 8-68　罗锅撑四出头官帽椅

（引自《中国古家具收藏鉴赏百问百答》）

云纹壶门圈口四出头官帽椅　图 8-69 是一对明代云纹壶门圈口官帽椅，宽 65.5 厘米，进深 58.6 厘米，通高 117.1 厘米。搭脑、扶手皆为曲线形，背板为攒框镶板，上部左右有曲边挂牙，背板由撑隔成四段，各有不同造型，自上而下为螭纹圆形透雕、山石树木浮雕、梭子形开光、亮脚。椅面攒框镶席心，椅面下云纹壶门牙子，步步高赶撑，前与左右撑下有牙板相托。它的整个造型下宽上窄，稳重、富丽、华美。

南官帽椅　图 8-70 是明代官帽椅。椅背平素，搭脑、扶手不出头，背板、牙板光素，四面单撑，踏脚撑下有牙板支撑，造型简洁、明快。

图 8-69 云纹壶门圈口四出头官帽椅
（引自胡德生《明清家具鉴藏》）

图 8-70　南官帽椅
（引自陈泽辉《长沙地区文物精华民藏卷》（下）》）

黄花梨官帽椅　图 8-71 是明代黄花梨官帽椅。搭脑两端不出头，与后腿顶端相交，背板由横撑上下分成高低不同的四部分，上部背板透雕如意纹，第二部分浮雕寿字纹，第三部分、第四部分开光，形成丰富的视觉变化。扶手顶端不出头，与鹅脖相交，扶手下没有联帮棍，而加一根细横撑与两个矮老为饰，腿间安装步步高赶撑，踏脚撑与左右撑下加牙板支撑，椅面下装壶门圈口牙板。

牛角形搭脑官帽椅　图 8-72 是上海明代墓葬出土的官帽椅。此椅上下有明显侧角，搭脑不出头，中部凸起，似牛角，扶手下没有联帮棍，椅面下前后有素圈口牙板。其整个造型稳重、挺拔。

图 8-71　黄花梨官帽椅
（引自柏德元、谢崇桥、陈同友《红木家具投资收藏入门》）

图 8-72　牛角形搭脑官帽椅
（引自《南方文物》2004 年第 4 期）

5. 玫瑰椅

玫瑰椅亦称文椅，是一种小型椅子，最早出现在宋画里，那时的玫瑰椅靠背与扶手同高。到了明代，玫瑰椅靠背已经升高，但与扶手的高度差距较小，且搭脑与扶手都不出头，除椅面、牙板外，其他构件皆采用圆形直料。此椅造型精巧、轻便、俊美、文静，具有一种书卷气，是当时文人喜爱的坐具。

黄花梨透雕六螭捧寿纹玫瑰椅　图 8-73 是明代玫瑰椅，宽 61 厘米，进深 46 厘米，通高 88 厘米。椅面攒框镶席心，靠背镶板透雕六螭捧寿纹，其下由三个圆形螭纹卡子花支撑；扶手横梁下装有浮雕螭纹壶门圈口，其下装撑，由两个圆形螭纹卡子花支撑，圆形腿，带侧角；圈口牙板浮雕螭纹与回纹，步步高赶撑，三面撑下有牙板支撑。

图 8-73　黄花梨透雕六螭捧寿纹玫瑰椅

（引自胡德生《明清宫廷家具》）

云纹圈口靠背玫瑰椅　图 8-74 是一对明代靠背椅，通高 89 厘米。靠背镶有云纹圈口，三面有围栏，椅面下正面装壶门圈口牙板，左右上部有壶门牙板，步步高赶撑，前与左右撑下有牙板相托。

6. 梳背椅

梳背椅靠背由一条条圆柱组成，形似梳子，故名梳背椅。它是扶手椅的一种，由扶手椅演变而来。

图 8-74　云纹圈口靠背玫瑰椅
（引自胡德生《明清家具鉴藏》）

玫瑰式梳背椅　图 8-75 是一张明代梳背椅。椅面落堂镶板，前、左、右三面用圆棍作圈口，横撑上加环形卡子花。椅面下前后左右，腿间装四面平撑，撑上加环形卡子花，腿间底部装步步高赶撑，三面底撑下加罗锅撑相托。

靠背式梳背椅　图 8-76 是一张明代梳背椅，它是靠背椅的一种。椅面也是落堂做法，前面加圈口牙板，左右两面上部加牙条，踏脚撑下加牙头相承托。

图 8-75　玫瑰式梳背椅
（引自胡文彦《中国历代家具》）

图 8-76　靠背式梳背椅
（引自胡文彦《中国历代家具》）

（三）杌凳

杌凳是一种没有靠背与扶手的坐具。凳的原始功能不是坐具，而是蹬踏工具。东汉刘熙所著《释名》中注释“榻登施于大床之前，小榻之上，所以登床也”。过去传统轿车，车箱高，踩着凳上下，家里东西放在高处，就搬张凳子登上去取，后来演变成坐具。凳的体量小，使用轻便，没有方向性，不像椅子只能朝一个方向。

凳由凳面、腿、牙、撑等构件组成，有方形、长方形、圆形、异型等类型，生活中方凳使用最广泛，样式最多。凳有带束腰和不带束腰两种：带束腰的腿可用方形、弧形、三弯腿，足可作各种装饰，而不带束腰的凳，只能作直凳腿，不能做任何装饰。杌与凳是一物两名，杌就是 凳，凳就是杌。杌原是胡床的别名。

1. 方凳

罗锅撑方凳 图 8-77 是明式黄花梨方凳，亦称杌子。凳面下有束腰，方腿内勾翻马蹄足，四面平罗锅撑。

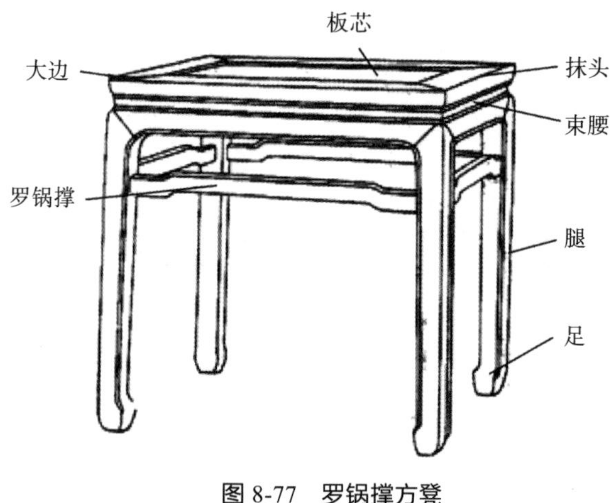

图 8-77 罗锅撑方凳

（引自杨秀英《精品家具》）

套环卡子花方凳 图 8-78 是明代套环卡子花方凳，长 50.5 厘米，宽 50.4 厘米，高 46.5 厘米。凳面攒框镶板，落堂做法，裹腿撑，其上镶有套环卡子花，四条腿为圆柱形。

图 8-78　套环卡子花方凳

（引自阮长江《中国历代家具图录大全》）

无束腰方凳　图 8-79 是明代方凳。杌面攒框镶席心，四条腿截面为方形，有侧角，素牙，前后各一根撑，左右双撑。

图 8-79　无束腰方凳

（引自杨秀英《精品家具》）

黄花梨鼓腿膨牙大方凳　图 8-80 是一款明代方凳。凳面下有束腰，鼓腿膨牙，内翻马蹄足，浮雕卷草纹，主要装饰为透雕拐子纹。其造型简朴，敦实劲健，装饰精细。

图 8-80 黄花梨鼓腿膨牙大方凳
（引自徐进《文博》）

红木落堂面方凳　图 8-81 是一款明代红木方凳。凳面落堂做法，桌面下有束腰，鼓腿膨牙，云纹内翻马蹄足。其结构单纯，造型精练稳重。

图 8-81 红木落堂面方凳
（引自陈泽辉《长沙地区文物精华民藏卷（下）》）

霸王撑方凳　图 8-82 是一张明代方凳，长 58 厘米，宽 46 厘米，高 52 厘米。四角攒框镶席芯，有束腰，其下壶门牙板，三弯腿，足外翻雕花饰，每面角部装霸王撑。

图 8-82　霸王撑方凳
（引自杨秀英《精品家具》）

2. 条凳

条凳（长凳）是一种可两至三人坐的凳子。凳面一般用独板，腿有明显侧角，俗称“四劈八叉”。图 8-83 是明代黄花梨长凳，长 100 厘米，宽 32 厘米，高 52 厘米。直腿向外撇，成八字形，称为“四劈八叉”，长面有替木素牙条，窄面两腿间有两根横撑。

图 8-83　长凳
（引自杨秀英《精品家具》）

（四）墩

墩亦称“秀墩”“花鼓墩”，是一种圆鼓形坐具。它与圆凳的区别在于腿下有拖泥，而凳无拖泥，四腿直接着地。墩上下径小，中间径大，由墩面、墩身、拖泥（底座）组成。墩有木质、瓷质、蒲草等材料，瓷质墩凉爽，适于夏天使用，蒲草墩比较性暖，适于冬天使用。墩也是上层社会喜爱的坐具，它常常与方、圆桌配套使用。

1. 带拖泥梅花形墩

图 8-84 是明代圆墩。凳面呈梅花形，有束腰，彭腿花牙，内翻马蹄足，其下带拖泥底座。

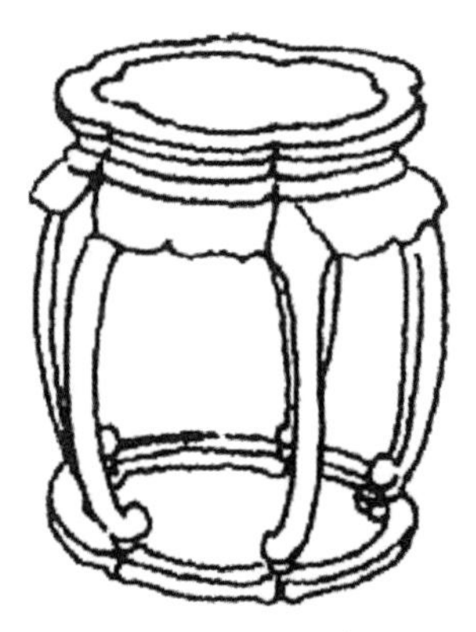

图 8-84 带拖泥梅花形墩

（引自阮长江《中国历代家具图录大全》）

2. 黄花梨秀墩

图 8-85 是一对明代黄花梨秀墩。鼓形，上下两端有乳丁与弦纹，五根腿与牙板形成五个开光，开光边缘起阳线。

图 8-85 黄花梨秀墩

（引自胡德生《明清家具鉴藏》）

3. 瓜墩

图 8-86 是一款明代墩。其造型形似一个瓜，由一条条弧形板围成。

图 8-86　瓜墩
（引自阮长江《中国历代家具图录大全》）

4. 双混面墩

图 8-87 是明代黄花梨圆墩。墩面圆形，边缘双混面，八个双混面足呈弧形，两端内勾转，足坐落在拖泥底座上，底座下还有八个小足。其整个外观，皆以劈料做成双混面。

5. 梅花墩

图 8-88 是一款明代秀墩。其上下面呈梅花形，五面开光，有五个小足。

图 8-87　双混面墩
（引自胡德生《明清家具鉴藏》）

图 8-88　梅花墩
（引自阮长江《中国历代家具图录大全》）

（五）足承、滚凳

1. 足承

足承是一种最矮的凳子，亦称脚凳、脚踏。无论是脚凳、足承，还是脚踏，顾名思义，它是供脚踩踏的器具，常常与床、榻、椅组合使用。传统椅座比现今椅座高，一般在50厘米左右，所以常常与足承配套使用。足承高，在10厘米左右，两脚放在上面比较舒适，冬天脚又不会着凉，它是当时上层社会家庭常用的家具。另外，它也常常放在床榻前，供人踩着上下。图8-89是一款明代足承，结构简单，它由凳面、束腰与腿组成。凳面四框内加一横撑，分成左右两部分，再在两个空间内加横条，而不是加木板，目的是使其透空、透气。

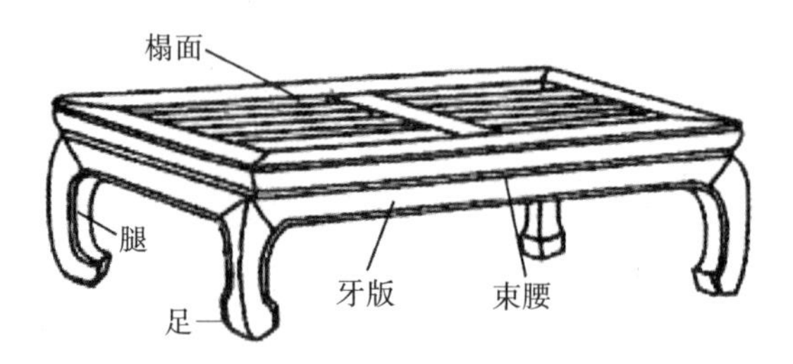

图8-89 足承

（引自阮长江《中国历代家具图录大全》）

2. 滚凳

图8-90是足承的一种，凳面安装四个可以滚动的圆轴，脚放在上面可以滚动按摩，相当于现今的按摩器。由此看出，几百年前古人就懂得将家具与健身结合为一体。

图8-90 滚凳

（引自马未都《马未都说收藏•家具篇》）

五、箱、柜、格、橱

箱、柜、格及橱都是存放物品的器具，品种繁多，造型各异。

（一）箱

箱是一种无腿足、用于存放物品的家具。它一般由箱体、箱盖、底座、铜活组成。

1. 衣箱

图 8-91 是一款明代黄花梨小衣箱。它由箱体和箱盖组成，前有光圆面叶锁插，四角包铜，两侧有铜拉手。

2. 红雕漆松寿纹箱

图 8-92 是明代的箱子，长 31.5 厘米，宽 21.5 厘米，高 33 厘米。它由箱盖、箱体、底座组成，前面安有铜面叶锁插，左右安有铜提手，通体剔红浮雕。盖的立面浮雕双龙珠纹，箱体正面浮雕松、云、山石、牡丹图案，松干盘曲成一个“寿”字，两侧雕云纹，底座雕莲花瓣纹。其工艺精湛，富丽美观。

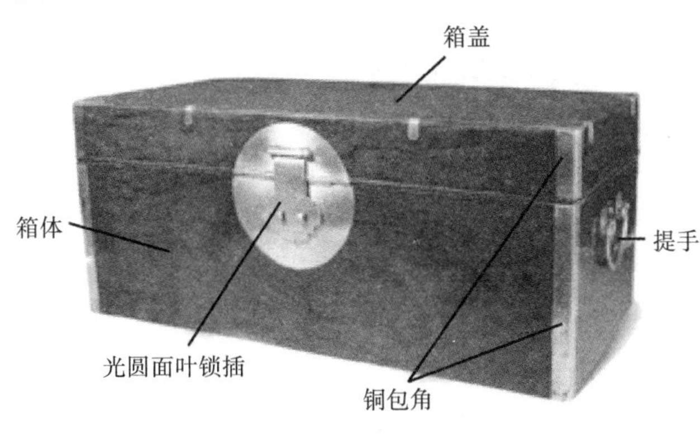

图 8-91　衣箱
（引自胡德生《明清家具鉴藏》）

图 8-92　红雕漆松寿纹箱
（引自胡德生《明清宫廷家具》）

3. 黄花梨衣箱

图 8-93 是明代黄花梨衣箱，长 73 厘米，宽 32 厘米，高 30 厘米，平顶。它由箱盖、箱体和铜活组成。

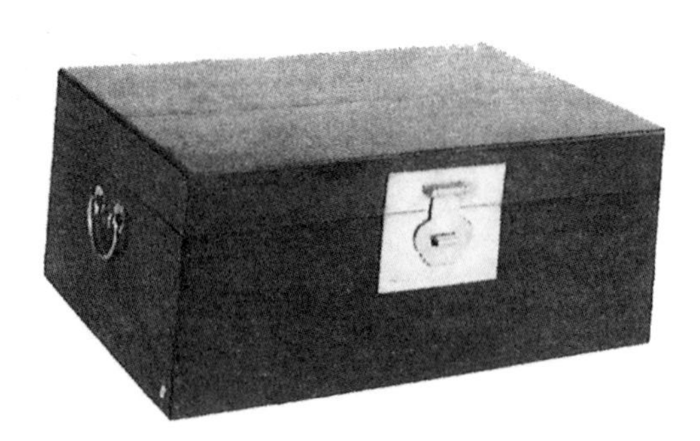

图 8-93 黄花梨衣箱
（引自杨秀英《精品家具》）

4. 盝顶箱

图 8-94 是上海明代墓葬出土的盝顶箱。它由箱座、箱体、箱盖组成，箱座雕成壶门花饰，箱盖呈盝顶形。这种箱至今在一些偏僻的农村还在使用。

图 8-94 盝顶箱
（引自《南方文物》2004 年第 4 期）

5. 黄花梨药箱

图 8-95 是一款明代黄花梨药箱，长 34 厘米，宽 17 厘米，高 35 厘米。箱内有八个宽窄、高矮不同的抽屉，用以装药。前开门，门上有面叶、扣吊，两侧有铜提环。

图 8-95　黄花梨药箱
（引自胡德生《明清家具鉴藏》）

6. 黄花梨盝顶衣箱

图 8-96 是一款明代黄花梨衣箱。它由箱盖、箱体、底座组成，箱盖呈盝顶式，面叶、锁插、拉手等皆为黄铜制作。

图 8-96　黄花梨盝顶衣箱
（引自胡德生《明清家具鉴藏》）

（二）柜

柜是一种有腿足、高大于宽的盛放物品的器具。柜的种类较多，有四件柜、角柜、立柜等。

1. 四件柜之一

图 8-97 是一对明代黄花梨四件柜，因上面小柜如箱形，亦称“顶箱立

柜”，又因是上下两节又称“两节柜”。两柜顶着两箱，共四件一套，亦称四件柜。立柜左右开门，中间有闩杆（立栓），下面有柜膛，膛下有花牙，腿下有铜包角，面叶、合页皆铜质，十分壮观。

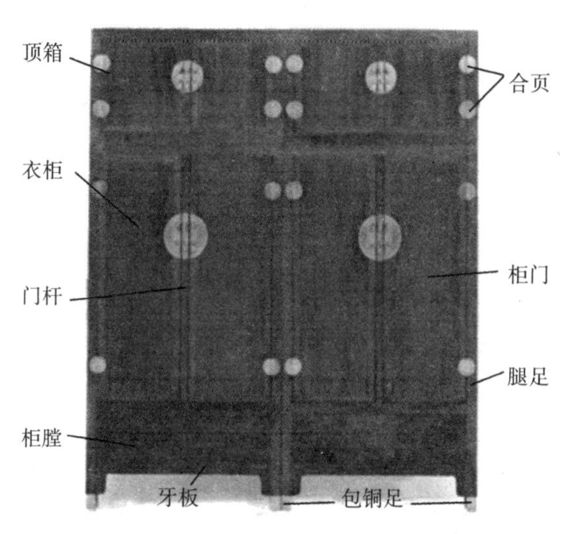

图 8-97 四件柜之一

（引自胡文彦《中国家具鉴定与欣赏》）

2. 四件柜之二

图 8-98 是明代黄花梨四件柜。此柜除没有铜包脚外，与前者结构、造型基本相同。

图 8-98 四件柜之二

（引自胡德生《明清家具鉴赏》）

3. 五抹门圆角柜

图 8-99 是明圆角柜，它由铁力木制成。所谓圆角，就是柜的边框（腿）内方外圆。其两扇门上下分为四段，门下为柜膛，左右分成三段。目的是求得整体中的变化。

4. 圆角柜

图 8-100 是明代铁力木圆角柜。其双开门，无闩杆，“硬挤门”，底部有花牙。

5. 黄花梨立柜

图 8-101 是一款明代黄花梨立柜。其有两扇“硬挤门”，底部有柜膛、柜帽、腿足、门框、抹头，看面均为混面线脚。

图 8-99　五抹门圆角柜
（引自胡文彦《中国家具鉴定与欣赏》）

图 8-100　圆角柜
（引自胡文彦《中国家具鉴定与欣赏》）

图 8-101　黄花梨立柜
（引自胡德生《明清家具鉴藏》）

（三）格

格是一种陈放器物的家具，具有展示功能。其种类有书格、书柜、多宝格（博古架）等。俗话说“园无石不秀，室无格不雅”，可见，“格”在上层社会或文人雅士家庭中具有显示他们的身份、地位、雅俗的重要功能。格有多种形式，有的与内装修结合一体，有的作为个体可移动摆放，有的前后左右露空，有的一面或三面露空。多宝格由高低、宽窄、方圆、正奇不同的格子组成，适宜摆放各种不同形态的古玩，具有收藏与观赏两种功能。一般多宝格成双使用，或并放或隔物对称摆放。

1. 书格

图 8-102 为书格，亦称书阁，这是一款明代书格。它是摆放书籍的器具，书房必备设施。此柜三层，框、腿、足抹头均为方料，底部有花牙。

图 8-102　书格

（引自胡德生《明清家具鉴藏》）

2. 黄花梨亮格柜

图 8-103 是明末清初亮格柜，宽 89.5 厘米，深 44.3 厘米，高 103.1 厘米。此柜分上下两部分，上部为亮格，三面空敞，装圈口牙条，下面装矮栏

杆，后面装背板；下部对开门，其下装牙条。此柜即可存放物品，又可陈列器物。

图 8-103　黄花梨亮格柜
（引自夏风《金屋藏娇：紫檀·黄花梨》）

3. 黄花梨雕双螭纹亮格柜

图 8-104 是宫廷御用亮格柜，宽 92 厘米，深 59.5 厘米，高 204 厘米，黄花梨木制作。上层三面开敞，各安装浮雕双螭纹、回纹圈口牙板，下装透雕螭龙纹拦板；下层柜门为攒框落堂做法，两门之间有闩杆，底部安装浮雕卷草纹壶门牙板。

图 8-104　黄花梨雕双螭纹亮格柜
（引自胡德生《明清宫廷家具》）

4. 带围栏黄花梨木亮格柜

图 8-105 是明代黄花梨木亮格柜，宽 95 厘米，深 54.7 厘米，高 55 厘米。上部为亮格，三面透空，圈口镶浮雕卷草纹牙板，亮格下装拦板。四根立柱，柱间装有透雕云龙纹绦环板，制作精细，柜门平装，牙板雕卷草龙纹。

图 8-105 带围栏黄花梨木亮格柜
（引自杨秀英《精品家具》）

5. 紫檀棂格书格

图 8-106 是明代宫廷御用书格，宽 101 厘米，深 51 厘米，高 191 厘米。四面平式，分三层，正面敞开，其他三面镶棂格，除后面正中、竖贯三层的板条为黄花梨木外，其他均为紫檀木制作。其造型挺俊，空灵剔透。

图 8-106 紫檀棂格书格
（引自胡德生《明清宫廷家具》）

（四）橱

橱是一种即可陈放又可储藏物件的两用家具，原为厨房专用器具。橱与案造型相似，比案多了抽屉和闷仓，抽屉和闷仓都可存放什物，若将什物放入闷仓，可将抽屉拉出，将什物放进闷仓后，再将抽屉安上。抽屉从一个到四个不等，闷仓一般只有一个。有一个抽屉的橱称闷户橱，两个抽屉的橱称连二橱，橱在民间使用较多。

1. 闷户橱

图 8-107 是一件明代闷户橱。橱面光素，四腿微有侧角，橱面与腿之间有挂牙，橱柜分上下两部分，上面是抽屉，下面是闷仓，其下有罗锅撑承托。此橱造型均整，素雅大方。

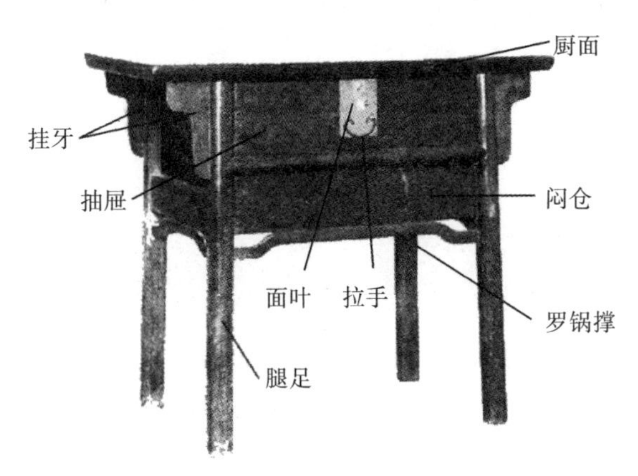

图 8-107　闷户橱

（引自马未都《马未都说收藏·家具篇》）

2. 连二橱

连二橱之一　图 8-108 是明代连二橱。橱面两端起翘，腿外圆内方，有侧角，左右挂牙，上面两个抽屉。连二橱，由两个屉得名。屉下为闷仓，仓面浮雕龙纹，屉面浮雕花饰圈口，装有铜拉手。

图 8-108　连二橱之一

（引自杨秀英《精品家具》）

连二橱之二　图 8-109 是一件明代连二橱。橱面光素，方腿，橱柜分上下两部分，上面两个抽屉，屉下是闷仓，其下牙板浮雕花纹，挂牙、屉、闷仓浮雕云龙纹。其造型庄重，雕饰精细。

图 8-109　连二橱之二
（引自马未都《马未都说收藏·家具篇》）

连二橱之三　图 8-110 是明代连二橱，长 162 厘米。橱面两端起翘，橱面下与腿外侧装有素牙头，上层装两屉，屉面浮雕卷草纹，屉下为闷仓，其下装壶门透雕梅花纹牙板。其造型淳朴洁净，简繁适度。

图 8-110　连二橱之三
（引自陈泽辉《长沙地区文物精华民藏卷（下）》）

3. 连三橱

图 8-111 是一件明代连三橱，橱面两端加翘头，类似翘头案面。其四腿微有侧角，上面三个抽屉，下面柜橱中间双开门，其下加素牙板承托。此橱整体平素，只有左右挂牙透雕云龙纹。

图 8-111　连三橱
（引自马未都《马未都说收藏·家具篇》）

六、屏风

汉代刘熙在所著《释名·释床帐》中说："屏风，言可以展障风也。"屏风在古代主要起挡风御寒作用，这是屏风的原始功能，到了明清时代这一功能基本消失，主要作用是隔断空间，起装饰作用，同时也是身份地位、权势的象征。故宫各个大殿及寝宫厅堂正中都陈设一座大的座屏。

明清两代屏风分为折屏、插屏、座屏、挂屏四大类。

（一）折屏

折屏亦称"曲屏""围屏"，由多扇连接组成，一般为双数，最少四扇，多者十扇、十二扇或更多。折屏无座，放置时需折成"U"形、锯齿形，方能树立。由于折屏可以折叠、伸缩，搬动方便，在大小空间都可用它来遮挡、分割空间。其结构由绦环板、屏心、裙板和牙条组成，与建筑内装修的屏风相似。屏框一般由硬木制作，屏心常常用锦帛或纸做地，彩绘人物、山水、花卉、禽兽等。折屏用于面积大的室内，分隔空间，遮挡空间非常适宜，轻便灵活，易于搬动。

1. 黄花梨十二扇寿字龙纹折屏

图 8-112 是明代黄花梨浮雕花卉四扇屏，高 175 厘米。此屏由四扇组成，扇与扇之间有挂钩连接，可折叠开合。每扇由左右边梃和上下四根抹头组成框槛，其内镶板，自上而下依次为绦环板、屏芯、裙板、牙板，均浮雕花卉纹。

2. 黄花梨龙纹折屏

图 8-113 是明代黄花梨折屏，共十二扇。每扇宽 55 厘米，高 220 厘米，裙板、绦环板均透雕云龙纹。

图 8-112　明代黄花梨浮雕花卉四扇屏

（引自胡德生《明清家具鉴藏》）

图 8-113　黄花梨龙纹折屏

（引自李强《中国明清家具赏玩》）

（二）插屏

插屏一般只有一扇，其结构由屏扇、屏座、立牙、披水牙板等构件组成。其功能除间隔、遮挡作用外，还有装饰作用，特别是小的插屏，主要起陈设作用。插屏有大有小，小的放在几案上用于观赏，大的可对着门摆放，起遮挡作用。

1. 榉木嵌绿石插屏

图 8-114 是明代插屏，屏扇坐落在左右屏座上，前后有立牙扶持。屏框用割角榫攒接，呈泥鳅背形，屏芯为绿石镶嵌，天然纹理，酷似重峦中的云海，其下绦环板透雕山石、灵芝、兰草造型，再下前后装圈形披水牙板。

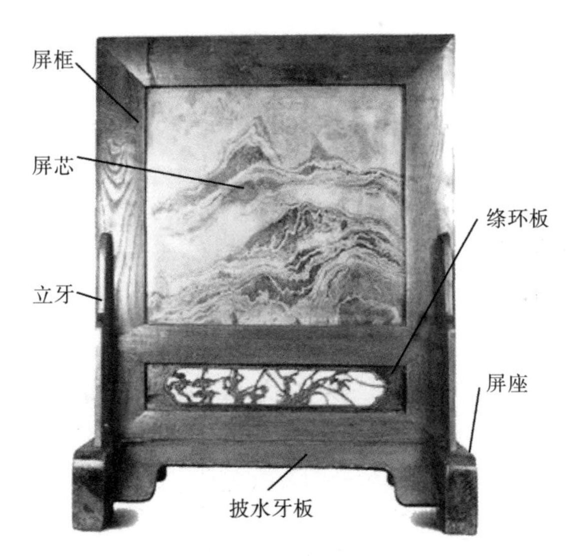

图 8-114 榉木嵌绿石插屏

（引自胡德生《明清宫廷家具》）

2. 黑漆百宝嵌佛手花鸟小插屏

图 8-115 是明代小手插屏，高 23 厘米，深 11 厘米，宽 20.5 厘米。屏框宽厚，且与屏座一木连做，左右边座、抱鼓墩、前后立牙、披水，均髹黑漆。屏芯两面皆有花饰，一面用象牙、玉石、玛瑙、螺钿等材料镶嵌成佛手、菊花、红叶造型，另一面为剔红开光花鸟纹，锦纹地。此屏体量虽小，但造型浑厚，花饰在通体黑地上，格外醒目。

图 8-115　黑漆百宝嵌佛手花鸟小插屏
（引自胡德生《明清家具鉴藏》）

（三）座屏

座屏下有底座，底座与屏有做在一起的，有的两者组合可以拆装的，后者也称插屏。

（四）挂屏

挂屏是一种挂在墙上的屏，完全起装饰作用。

七、架、台

架、台是室内挂放、承托物品的必备器具，包括衣架、盆架、镜台等。

（一）衣架

衣架是搭放衣服的器具，古代衣服都是搭放在衣架的搭脑上或横撑上，与当今不同，当今衣服是挂在衣架挂钩上。明代存世衣架与出土衣架种类繁多，基本由底座、立柱、搭脑、撑等构件组成，变化多样。

1. 透雕螭纹牌子衣架

图 8-116 是一款存世明代衣架。搭脑两端雕龙首，其下牌子分三段镶板，透雕螭纹，立柱装在如意云纹抱鼓墩上，由透雕螭纹牙子夹持。其牌子与底座间有卯口痕迹，应还有撑或其他构件。

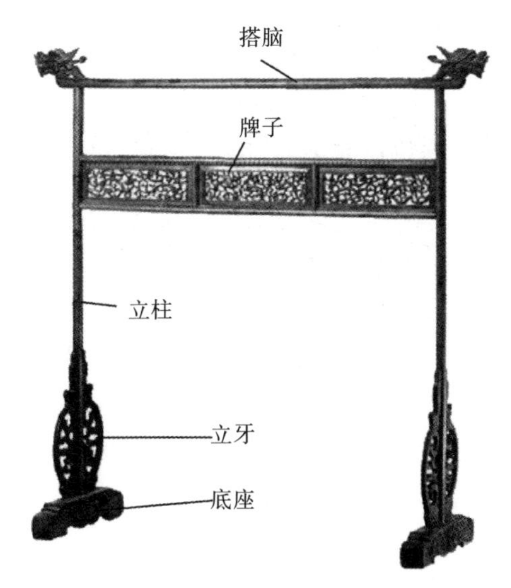

图 8-116　透雕螭纹牌子衣架

（引自柏德元、谢崇桥、陈同友《红木家具投资收藏入门》）

2. 红木衣架

图 8-117 是曲阜市文物局孔府文物档案馆收藏的一件明代红木衣架。搭脑两端草叶纹圆雕，立柱外与搭脑间加透雕卷草纹挂牙，中间牌子由三块绦环板组成，其上有精美的荷花、鸳鸯、喜鹊、梅花等浮雕。绦环板下加一底撑，底撑与牌子下皆有角牙承托，左右立柱安装在镂空壶门式木墩上，立柱前后有抻瓶龙纹透雕立牙夹持。

图 8-117　红木衣架

（引自山东曲阜文物博物馆）

3. 三撑衣架

图 8-118 是上海明代墓葬出土的明代衣架明器。搭脑两端伸出柱外，且向上微翘，两立柱安装在拱形底座上，搭脑下有三根撑，底撑连接左右两个底座，其下有牙条相托，另两撑将上下空间分成三等份，每根撑下左右加角牙为饰。其整个造型简明实用。

图 8-118 三撑衣架
（引自《南方文物》2004 年第 4 期）

4. 两撑衣架

图 8-119 是上海明代墓葬出土的明代衣架明器。此衣架搭脑两端圆雕龙首，两根撑，撑下带牙板。

图 8-119 两撑衣架
（引自《南方文物》2004 年第 4 期）

5. 云纹搭脑衣架

图 8-120 是上海明代墓葬出土的明代衣架明器。此衣架搭脑两端圆雕云纹，其下只有一根撑，底座前后有抻瓶立牙支撑。

图 8-120　云纹搭脑衣架
（引自《南方文物》2004 年第 4 期）

（二）盆架

盆架是放置脸盆或火盆的器具，放上脸盆用以洗脸，放上火盆用于取暖。盆架基本有两种形式，即高式盆架与矮式盆架。高式盆架，多为六条腿，后两条腿高，顶部有搭脑，作为巾架，其下由横撑分成几个空间，以做装饰。矮式盆架，在板面正中挖出盆大小的洞，用以放盆，类似圆凳或多角凳造型。盆架的形态有圆形、四角形、五角形、六角形等。

1. 脸盆架

云纹搭脑盆架　图 8-121 是一款明代盆架。它由六根柱腿和三根横撑连接组成，后两根柱上端装搭脑，搭脑两端雕云纹，搭脑下方装飞燕式撑，柱两边装卷草挂牙，架框正中牌子装团花图案，其下装壶门牙子，再下方横撑下又装一壶门牙子。整个造型简洁挺秀。

翘头搭脑盆架　图 8-122 是上海明代墓葬出土的明代盆架明器。此盆架大的结构方式与图 8-121 中的盆架相同，搭脑两端出头，且微微上翘，其下有两根撑，底撑下有牙条相托。较之前者它更显浑厚质朴。

图 8-121　云纹搭脑盆架
（引自胡文彦《中国家具鉴定与欣赏》）

图 8-122　翘头搭脑盆架
（引自《南方文物》2004 年第 4 期）

矮盆架　图 8-123 是上海明代墓葬出土的明代盆架明器。它由六根柱腿、上下两层三根相交撑组成，上层放置脸盆。

2. 火盆架

火盆架是取暖器具。过去无论官民、皇家百姓，冬天室内取暖主要靠火炕，皇宫地下有火道，以木炭做燃料。室内温度不够，就靠生火盆补充。南方火盆使用比较广泛。

图 8-124 是明代黄花梨火盆架，长宽各 61 厘米，高 60 厘米。攒边留洞安放铜火盆，其下有束腰，方腿，内侧做两个弧形装饰，足部做卷云纹雕饰，其下带龟足，十字撑，壶门圈口牙板两端做如意纹透雕。

图 8-123　矮盆架
（引自《南方文物》2004 年第 4 期）

图 8-124　黄花梨火盆架
（引自杨秀英《精品家具》）

（三）镜台

镜台是放置镜子的器具。它一般分为两种：一种是桌与镜台的结合体，体量较大；另一种体量较小，放在桌案上使用。

1. 五屏风镜台

图 8-125 是一件明代五屏风镜台。它整体分上下两部分，上部由屏、栏板、镜架组成，下部为两层五屉，底部装牙条。其造型端庄，富贵华丽。

图 8-125　五屏风镜台
（引自夏风《古典家什金屋藏秀》）

2. 宝座式镜台之一

图 8-126 是一款明代镜台，宝座样式。其屏为三扇，搭脑顶端雕龙首，屏座分三层，上一层为栏板，下两层为屉，其下为花牙，通体圆雕、透雕，富贵华丽。

3. 宝座式镜台之二

图 8-127 是明代宝座镜台。其结构分上下两部分，上部三扇围屏，攒框镶板透雕卷草祥瑞纹，搭脑扶手雕回首兽头；下部设抽屉两大两小，屉板面雕云纹，牙板与足膨出。

图 8-126　宝座式镜台之一
（引自夏风《古典家什金屋藏秀》）

图 8-127　宝座式镜台之二
（引自杨秀英《精品家具》）

4. 折叠式镜台

图 8-128 是一款明代镜台。背板不打开时，为长方形箱盒，背板支起时，便可化妆使用。背板被横竖撑分割成六个装饰面，中间方形透空，由四个如意纹拼合攒接，其他五个装饰面做不同形态的龙纹浮雕，纹理流畅，光泽圆润；背板下端安装一罗锅形镜托；镜台柜门打开，露出三个盛放化妆品的抽屉。

图 8-128　折叠式镜台
（引自徐进《文博》）

（四）烛台

明清两代灯具分为落地式、升降式、悬挂式三大类。高形灯架中的固定圆杆式多为明式风格，灯杆固定在十字形或三角形的墩座上，再由立牙扶持固定；升降灯架，纯为清式，升降式灯架类似屏风架，灯杆下端有一丁字形横木两端做榫，插入左右立柱内侧槽内，即可上下移动；悬挂式有悬在空中的吊灯如宫灯，有挂在墙上的壁灯。

1. 独柱烛台

图 8-129 是两款明代烛台，它们都由灯盏（灯托）、灯柱、灯座和立牙组成。灯座由十字相交刻有花纹的拱形墩座组成，灯柱插在灯座上，四面由掸瓶立牙扶持，灯柱顶端装灯盏，其下四面由挂牙承托，灯盏上有签子，蜡烛插在上面，外面罩灯罩。灯罩制作非常烦琐，材料为水牛角，加热后，用手工方式，逐渐锤制成所需样式。

2. 升降式烛台

图 8-130 是一款明代烛台。它下面是两个拱形墩座，灯架由左右柱和两根抹头、两根撑组成框架，两柱内有槽，上面抹头与第一根撑之间镶板，底部抹头与第二根撑之间镶板开光。上面抹头与撑正中打孔，灯柱插入，并与一撑丁字相交，撑的两端插入柱的槽内，这样便可升降，调节照明高度。

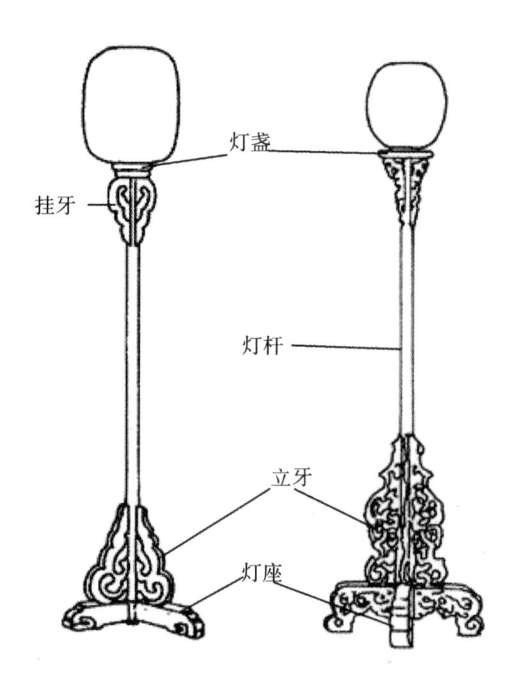

图 8-129　独柱烛台
（引自阮长江《中国历代家具图录大全》）

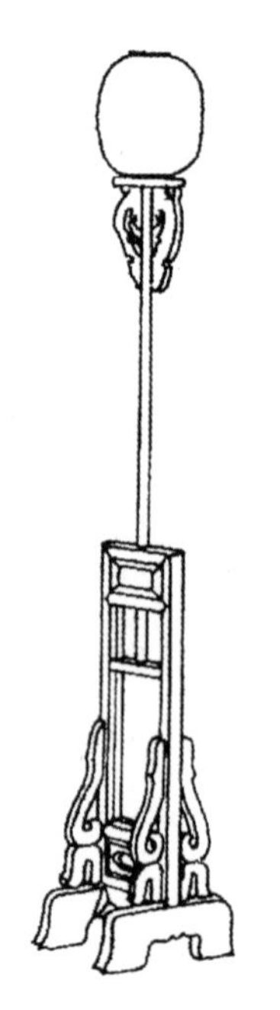

图 8-130　升降式烛台
（引自阮长江《中国历代家具图录大全》）

第九章　清代家具

清代家具继承了唐、宋、元、明各朝家具的风格特点，并在不断地发展完善。清代家具大体分三个历史时期，第一个时期为清代早期，即从满族入关至康熙末年，这一时期家具基本继承明代家具风格、造型，没有大的变化，我们可称这个时期的家具为明式家具。第二个时期到17世纪中叶，即从康熙末年到雍正、乾隆、嘉庆初年这一历史时期，由于经济的繁荣发展，上层社会大兴土木，宫殿、府邸、苑囿的兴建，带动了家具业的繁荣发展，到乾隆时期，家具已形成了清代风格，用料宽厚，装饰豪华、多样，种类繁多，功能齐全，造型万变，风格多样，并形成了不同区域的家具门派。有京式家具、广式家具、苏式家具、徽式家具、宁式家具、扬州家具、湖南家具、云南家具、湖北根藤瘿木家具、山西家具、鲁作家具11个家具流派。其中最有影响力的是苏式家具、广式家具和京式家具三大流派。

苏式家具是指苏州、扬州及长江中下游区域的家具。这一带无论住宅建筑还是园林建筑异常兴盛，并以小巧、秀丽、俊俏、柔和、多变的风格著称。苏式家具惜材如金，用料节俭、合理，常以小料拼做大部件。苏式家具装饰纹样以传统纹样为主，如花鸟山石、梅兰竹菊、吉祥图案、传统人物故事。造型上继承和保存了明式家具淳朴简洁的风格，雕刻细腻，镶嵌材料多样，如象牙、玉石、螺钿等。

徽式家具是指安徽地区——也包括广式、宁式——的传统家具。它们用料宽厚考究，一件家具只用一种木料，构件弯度再大也用整料挖取。追求豪华、富态的风格。在装饰上除传统的云龙、福寿、花鸟图案外，还引用西番莲、西洋卷草纹，有的受一定程度的欧洲巴洛克、洛可可艺术风格的影响。

京式家具，以北京及周边地区的家具风格为代表，由于北京是皇都，宫廷家具的设计与制造成为家具业的主流。康熙、雍正、乾隆三位皇帝对家具尤为喜爱，常常对御用家具提出具体要求，宫廷设有“造办处”，负责家具的制造，大量的外埠能工巧匠集结北京，他们高超的技艺在这里得到施展与交流。由于皇家的地位、财力、物力、人力的优势，使得宫廷家具无论用料、体量、做工、装饰，都达到一个新的辉煌高峰。康熙、雍正、乾隆三代盛世，家具发展成为清代特有的艺术风 格。在造型上一改明代秀气、挺拔的风格，向着宽大、厚重、富态的方向发展。在装饰上，集雕刻、镶嵌、描绘等为一体。在家具品种上，增加了新的门类，如多功能陈列柜、能折叠拆装的桌椅，以及与内装修相结合的固定多宝格等。

到清代晚期，道光以后至清末，社会经济每况愈下，鸦片战争的失败、外国侵略者的掠夺，使得清朝经济遭到严重的破坏。由于门户开放，外国经济、文化如潮水涌入中国，西方建筑、西方家具在很多沿海城市扎根蔓延。中国的传统文化受到冲击，广式家具表现得较为突出。法国文艺复兴时期在建筑、家具上的洛可可风格，影响了我国传统家具，它追求柔美、细腻、纤巧的情趣，常使用水草、涡卷、草叶作为雕饰题材，对传统的家具风格带来很大冲击。

清代家具的风格，主要以康熙末到嘉靖初这一历史时期的家具为代表。它因宽厚、雄浑、多变、富丽、豪华、升腾、张扬的艺术风格，成为我国家具史上光辉的一页。

一、罗汉床、架子床、拔步床

（一）罗汉床

1. 青瓷板罗汉床

图 9-1 是清代初期宫廷御用明式罗汉床，长 216 厘米，宽 107 厘米，通高 76 厘米，通体黑漆地，床面为席芯。三面床围共镶嵌八块山水青瓷板，左右围板外侧各镶嵌两块山水青瓷板，正面床沿镶嵌四块春夏秋冬花卉青瓷板，四根宽厚的兽形腿，亦镶嵌团凤、祥云青瓷板。整个造型凝重厚拙，质朴高雅。

图 9-1　青瓷板罗汉床
（引自胡德生《明清宫廷家具》）

2. 三围屏紫檀罗汉床

图 9-2 是一张清乾隆时期的紫檀罗汉床，长 216.5 厘米，宽 147 厘米，通高 80 厘米。三面围屏，呈阶梯形，后面屏分为三部分，中间凸出，其上为透雕如意形西番草纹；各屏芯浮雕博古图案；床面下有束腰，鼓腿膨牙，内翻马蹄足；腿与牙板遍雕西番草纹。

图 9-2　三围屏紫檀罗汉床
（引自《中国博物馆观赏》）

3. 紫檀雕荷花纹罗汉床

图 9-3 是宫廷御用罗汉床，长 224 厘米，宽 132.5 厘米，通高 116.5 厘米，紫檀木制作。床面攒框镶席芯，三面围屏双面透雕荷叶纹；有束腰，鼓腿膨牙，内翻马蹄足，牙板饰洼堂肚，均浮雕荷叶纹；床上小桌亦用同样装饰手法。此床刀工娴熟，纹理清晰，是件难得的艺术精品。

图 9-3 紫檀雕荷花纹罗汉床

（引自胡德生《明清宫廷家具》）

4. 红木七屏式罗汉床

图 9-4 是清代罗汉床，由红木制作，长 206.5 厘米，宽 116.5 厘米，通高 133 厘米。床围由七屏组成，正面三扇山字形，左右两扇阶梯形，高低错落。围板攒边镶浮雕画板，板上浮雕博古图，并以拐子纹相环绕；床面攒边镶藤面，左右下卷，顶端雕龙首，直腿扁方，且缩入床头以内，此种结构方式颇有新意；两腿间装透雕古币拐子纹牙板。此床用料宽厚，刀工纯熟，浑厚不失轻灵。

图 9-4 红木七屏式罗汉床

（引自李强《中国明清家具赏玩》）

5. 带拖泥罗汉床

图 9-5 中的床为清代早期作品，由核桃木制作。床围三面透雕夔龙祝寿图案，束腰有浮雕卷纹矮老，鼓腿素牙，其下带拖泥。

图 9-5　带拖泥罗汉床
（引自胡德生《明清家具鉴藏》）

6. 大理石螺钿镶嵌罗汉床

图 9-6 是清式罗汉床，长 210 厘米，宽 139 厘米，通高 118 厘米。床面上竖五围屏，攒边镶大理石屏芯，四边镶嵌螺钿花卉，鼓腿膨牙外翻马蹄足，亦螺钿镶嵌花卉。此床造型富贵华丽。

图 9-6　大理石螺钿镶嵌罗汉床
（引自胡德生《明清家具鉴藏》）

7. 大理石镶嵌罗汉床

图 9-7 是一张清代罗汉床。床面攒边镶席芯，前面大边，中间微向内收，形成门口，此种处理方法罕见。屏芯镶嵌圆形天然大理石，形如重山云海，牙板浮雕卷草纹，四腿粗壮，拱肩处浮雕兽首，足外翻，雕兽爪。此床造型敦实厚重，威严高贵。

图 9-7 大理石镶嵌罗汉床
（引自路玉章《中国古家具鉴赏与收藏》）

8. 紫檀漆芯百宝嵌宝座

图 9-8 是宫廷御用宝座，长 127 厘米，宽 78 厘米，通高 99 厘米，紫檀木制作。床面上三面立屏，后面屏顶有屏冠，高低起伏似山形，内浮雕海水云龙纹，周缘浮雕回纹；背板板芯及扶手板芯涂天蓝色地，镶嵌古树、葡萄藤纹，寓意“多子多孙”；腿、牙、撑均做拐子纹装饰。此宝座设计新颖，造型沉稳，威严端重。

图 9-8 紫檀漆芯百宝嵌宝座
（引自胡德生《明清宫廷家具》）

9. 天然木罗汉床

图 9-9 是宫廷御用成套天然木罗汉床，包括几、脚踏（足承）。床长 217 厘米，宽 135.5 厘米，通高 114 厘米，除床面、几面、榻面外，其他构件如

屏、腿、牙板等都用树根、古藤制作。这要首先设计好未来器具的形象，根据各构件形象去选树根、古藤原材料，而后再根据每个构件形象，筛选原料做卯榫攒接，衔接后大的形体既要像，又要衔接得自然。此床设计独具匠心，制作精巧自然。

图 9-9 天然木罗汉床
（引自胡德生《明清宫廷家具》）

10. 红木带枕凉床（美人榻）

图 9-10 是清代凉床。床面攒框镶席芯，后面设阶梯形屏扇，一端置凉枕，方直腿，内翻卷纹足，牙子由双绳系古璧纹、回纹、环形卡子花等组成。此床夏天睡在上面格外清凉，江南地区广为流行。

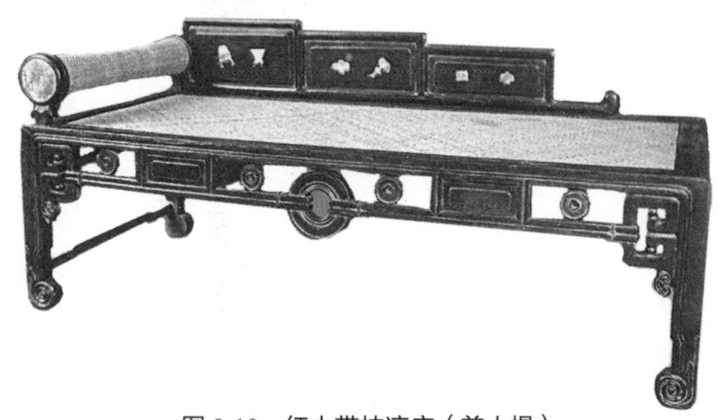

图 9-10 红木带枕凉床（美人榻）
（引自李强《中国明清家具赏玩》）

（二）架子床

1. 开光架子床

图 9-11 是一张清代早期架子床，长 201 厘米，宽 115 厘米，高 211 厘米。六柱式，楣子前后以短柱界成五段、左右界成三段，镶板开鱼肚光；门围、床围亦镶板开光；床面下有束腰，直牙，鼓腿，内翻马蹄足。此床造型简练齐整，装饰适度，应为清代早期作品。

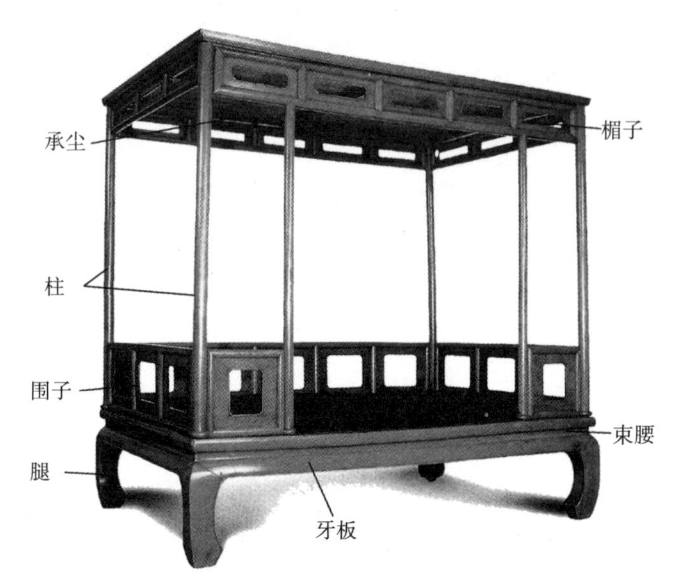

图 9-11　开光架子床

（引自胡德生《明清家具鉴藏》）

2. 葡萄纹架子床

图 9-12 是一张清末架子床。床冠镶大理石或玻璃，楣子以短柱界出三段，镶板海棠式开光，床前小开门，床围透雕花饰，用床屉代替床腿。此床造型为清末典型样式。

3. 毗卢帽架子床

图 9-13 也是一张清末的架子床。床冠起线打洼，框内安透雕花牙，镶大理石或玻璃芯，花板通体透雕葫芦万代吉祥纹。此床造型结构与前者大同小异。

图 9-12　葡萄纹架子床
（引自胡德生《明清家具鉴藏》）

图 9-13　毗卢帽架子床
（引自胡德生《明清家具鉴藏》）

4. 素方纹围架子床

图 9-14 素方纹围架子床
（引自李强《中国明清家具赏玩》）

图 9-14 是清代早期架子床，紫檀木制作，长 207 厘米，宽 132 厘米，高 232 厘米。六柱式，楣子饰勾片纹，其下装罗锅撑，门围、床围饰一字素方纹，方腿，内翻马蹄足，床沿、腿、顶架均做“打洼”处理。

5. 如意团花门围架子床

图 9-15 是清代架子床，黄花梨木制作，长 223 厘米，宽 145 厘米，高 224 厘米。楣子攒框镶板透雕花饰，楣子下加透雕挂落，床围攒接连体拐子纹，门围攒接海棠花纹，床面下有束腰，直牙、直腿内翻马蹄足。

6. 春宫架子床

图 9-15 如意团花门围架子床
（引自杨秀英《精品家具》）

图 9-16 是清代架子床，榉木制作，长 256 厘米，宽 114 厘米，高 200 厘米。楣子攒框镶黄杨木高浮雕人物图案，床门左右安装隔扇结构，上部加壶门牙板，瘿木裙板浮雕春宫词，左右绦环板，分别雕刻“弹琴说爱”“梦中相会”题材人物。此床设计、装饰题材与使用者身份、职业紧密结合。

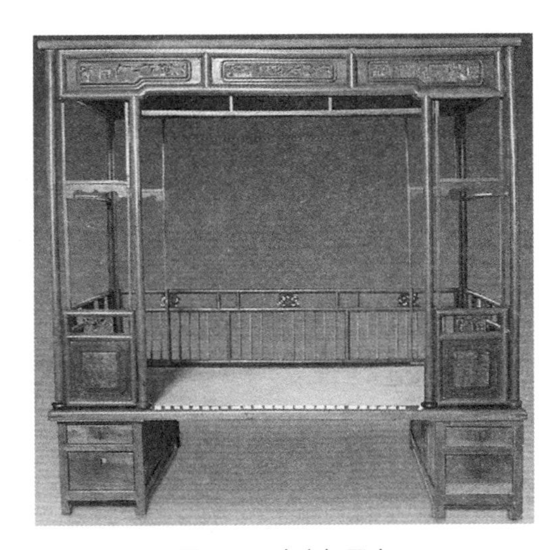

图 9-16　春宫架子床

（引自李强《中国明清家具赏玩》）

（三）拔步床

1. 海棠花围拔步床

图 9-17 是一张清代榉木拔步床，长 255 厘米，宽 220 厘米，高 233 厘米。前面是床廊，后面是床，门围、床围、楣子及挂落，皆为攒接海棠花透雕图案。此床风格统一，庄重稳定。

图 9-17　海棠花围拔步床

（引自胡德生《明清家具鉴藏》）

2. 卷云纹床围拔步床

图 9-18 是清代拔步床。床上部楣板浮雕折枝花卉纹，倒挂牙子透雕夔龙纹，围板及床牙浮雕卷龙纹，十根床柱坐立在须弥座式床座上。此床为清代床具之经典作品。

图 9-18 卷云纹床围拔步床
（引自胡德生《明清家具鉴藏》）

二、案、桌、几

（一）案

1. 平头案

黄花梨木雕卷云纹牙头平头案 图 9-19 是清代宫廷御用平头案，黄花梨木制作，长 144 厘米，宽 47 厘米，高 87 厘米。案面攒框镶板，髹黑漆，卷云纹牙头，方直腿，方足，其下有雕卷云纹须弥座承托。

图 9-19 黄花梨木雕卷云纹牙头平头案
（引自胡德生《明清宫廷家具》）

回纹平头案　图 9-20 是清代平头案，紫檀木制作，长 191 厘米，宽 45 厘米，高 87 厘米。案板四周沿面与四腿看面，均起阳线以为饰，牙板、牙头浮雕回纹，腿内装方形圈口牙板，腿下带拖泥。

图 9-20　回纹平头案
（引自胡德生《明清宫廷家具》）

如意纹圈口平头案　图 9-21 是清代平头案，红木制作，长 188 厘米，宽 41 厘米，高 92 厘米。案面光素，四框攒边镶红木独板，直腿，内方外圆，夔龙纹牙板，左右雕如意纹圈口牙板。此案造型端庄古雅。

图 9-21　如意纹圈口平头案
（引自李强《中国明清家具赏玩》）

紫檀透雕双螭纹平头案　图 9-22 是宫廷御用平头案，紫檀木制作。案面光素，替木牙板，浮雕螭纹，腿间加横撑，带拖泥，圈口镶挡板，透雕双螭纹。

图 9-22 紫檀透雕双螭纹平头案
（引自胡德生《明清宫廷家具》）

外翻马蹄足平头案 图 9-23 是清代平头案，红木制作，长 147 厘米，宽 47 厘米，高 84.5 厘米。案面光素，细直腿，腿部雕龙头，外翻足，案面下透雕拐子龙纹牙条。此案造型轻盈俊俏。

图 9-23 外翻马蹄足平头案
（引自李强《中国明清家具赏玩》）

红木大书案 图 9-24 是清代乾隆年间大书案，也是平头案，红木制作，长 189.5 厘米，宽 83.5 厘米，高 86 厘米。案面光素，牙条和圈口挡板，均透雕成钩状拐子纹造型，所有构件看面打洼起阳线。此案创意新颖，造型独特。

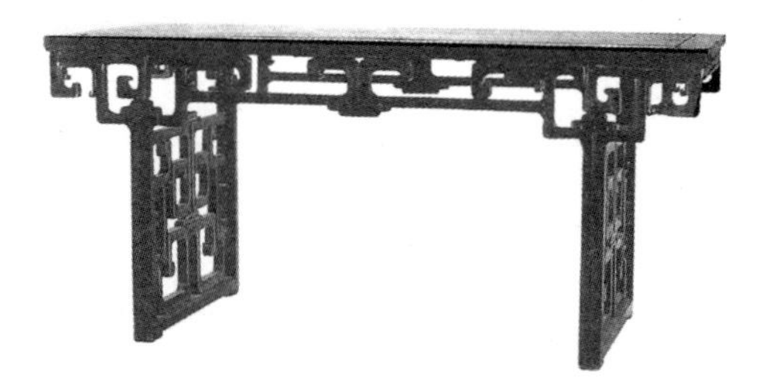

图 9-24 红木大书案
（引自杨秀英《精品家具》）

2. 翘头案

黑漆镶嵌螺钿云龙纹翘头案　图 9-25 是清代宫廷御用翘头案，长 232 厘米，宽 52 厘米，高 87 厘米。案面两端起翘，通体黑漆地，镶嵌螺钿云龙图案，红素漆里。如意纹牙头，腿下带拖泥，左右圈口镶如意纹透雕挡板。案面框带上刻漆饰有“大清康熙丙辰年制”款。此案造型雄浑，气势磅礴，工艺精湛，辉煌绚丽。

图 9-25　黑漆镶嵌螺钿云龙纹翘头案
（引自胡德生《明清宫廷家具》）

黄花梨如意纹翘头案　图 9-26 是清末宫廷御用翘头案，通体紫檀制作，长 182 厘米，宽 46 厘米，高 80 厘米。案面两端装翘头，牙头雕如意纹，腿方直，其下有拖泥，两边圈口镶如意纹透雕挡板。

图 9-26　黄花梨如意纹翘头案
（引自夏风《金屋藏娇：紫檀·黄花梨》）

紫檀翘头案　图 9-27 是清代中期翘头案，紫檀木制作，长 103.5 厘米，宽 46 厘米，高 82 厘米。案面两端起翘，卷云头牙板，腿有侧角，其下带拖泥，圈口挡板透雕如意纹。

图 9-27 紫檀翘头案
（引自杨秀英《精品家具》）

3. 架几案

两屉几架几案 图 9-28 是一款清式架几案，它由一块案板和两个几组成。案板由一块独木制作，两边架几上部各有两个抽屉，抽屉口起灯草线，下部有横撑，镶透雕棂屉板。

图 9-28 两屉几架几案
（引自胡德生《明清家具鉴藏》）

红木架几案 图 9-29 是清代中晚期架几案，长 310 厘米，宽 48 厘米，高 99 厘米。此案案面由一块独木制作，案几为四面平式，几面下透雕绳纹拱璧，中间带屉，足下有横撑，透雕棂屉板。

图 9-29 红木架几案
（引自胡德生《明清家具鉴藏》）

云蝠纹架几案　图9-30是清代云蝠纹架几案，案面长385.5厘米，宽52厘米，高95厘米。架几面下有束腰，几壁有勾云形开光，透雕蝙蝠、寿桃等纹饰。

图9-30　云蝠纹架几案
（引自胡德生《明清家具鉴藏》）

4. 书卷案

红木回纹书卷案　图9-31是清代书卷案，红木制作，长117厘米，宽39厘米，高82厘米。案面左右探出并下卷，形成回纹卷头，牙板透雕回纹，腿部做成劈料状，墩足，圈口空敞。

红木绳纹书卷案　图9-32是清代书卷案，长118厘米，宽40厘米，高83厘米，红木制作。案面攒框镶癭木，两端卷头与牙子均透雕绳纹、拐子纹、云纹。扁直腿，以束腰形式分为三节，下端浮雕莲花纹，方足，圈口镶牙条，空敞。

图9-31　红木回纹书卷案
（引自李强《中国明清家具赏玩》）

图9-32　红木绳纹书卷案
（引自李强《中国明清家具赏玩》）

红木拐子龙纹牙板书卷案　图9-33是清代书卷案，红木制作，长226厘米，宽45厘米，高100厘米。案面攒框镶独板，卷头、牙板透雕拐子龙纹及卷草纹。扁直腿，宽窄间隔，随边沿刻阴线，方足，左右圈口镶牙条，空敞。

图 9-33 红木拐子龙纹牙板书卷案
（引自李强《中国明清家具赏玩》）

紫檀雕灵芝文书卷式画案　图 9-34 是清代中期宫廷御用书卷式画案，紫檀木制作，长 180 厘米，宽 74.4 厘米，高 84 厘米。案面下有束腰，拱形腿，其下带拖泥，灵芝纹云头挡板坐落在拖泥正中，通体浮雕灵芝纹。此案形体硕大，造型厚重雅致，为紫檀器物中佼佼者。

图 9-34 紫檀雕灵芝文书卷式画案
（引自胡德生《明清宫廷家具》）

（二）桌

1. 方桌

紫檀透雕夔纹方桌　图 9-35 是清代初期宫廷御用方桌，紫檀木制作，长 96.5 厘米，宽 96.5 厘米，高 87 厘米。桌面攒框镶板，桌面下有矮束腰，前后束腰位置装有两个暗抽屉，屉面上有锁眼。方直腿，内翻马蹄足，浮雕卷云纹，罗锅撑紧贴牙条，两端饰透雕夔纹，构件看面通体打洼。

双绳玉璧牙八仙桌　图 9-36 是清代方桌。桌面攒框镶板，桌面下有高束腰，开条形光，方直腿，内翻马蹄足，牙条由拐子纹、云纹及玉璧组成。

图 9-35　紫檀透雕夔纹方桌
（引自胡德生《明清宫廷家具》）

图 9-36　双绳玉璧牙八仙桌
（引自夏风《古典家什金屋藏秀》）

螺钿镶嵌八仙桌　图 9-37 是清代八仙桌，长 93.5 厘米，宽 93.5 厘米，高 82.5 厘米。桌面四角攒框镶大理石，面下有束腰，牙板梅花纹透雕。腿上部外展，亦螺钿镶嵌缠枝莲纹，下部腿圆，足外翻马蹄。此桌形体厚重、敦实，装饰华美。

图 9-37　螺钿镶嵌八仙桌
（引自胡德生《明清家具鉴藏》）

2. 长方桌

填漆云龙纹长方桌　图 9-38 是宫廷御用长方桌，长 160.5 厘米，宽 84.5 厘米，高 85.5 厘米。四面平式，方直腿，内翻马蹄足，高罗锅撑，其上安装卷云纹卡子花，通体髹漆地。桌面填漆戗金五龙捧寿纹，四周饰海水江崖纹，四边填漆戗金云纹、行龙、夔纹。牙条和腿足填漆戗金绘行龙、升龙、夔龙纹。此桌漆画精美，生动自然。

图 9-38　填漆云龙纹长方桌

（引自胡德生《明清宫廷家具》）

镶瘿木面长方桌　图 9-39 是清代长方桌。此桌四面平式，桌面攒框镶三块瘿木芯，有三个抽屉，无束腰，直腿，内翻马蹄足。

紫檀龙纹长方桌　图 9-40 是清代长方桌，紫檀木制作。案面光素，其下有束腰，展腿式，瓶状足，牙板浮雕龙纹，坠角撑透雕夔龙纹。

图 9-39　镶瘿木面长方桌

（引自李强《中国明清家具赏玩》）

图 9-40　紫檀龙纹长方桌

（引自李强《中国明清家具赏玩》）

3. 圆桌

圆桌一般摆放在客厅中，与凳、墩配套使用。一张圆桌与五个圆凳或圆墩为一组，圆桌陈放不是固定不变的，而是根据需要临时搬动。圆桌有带束腰和不带束腰两种，有直腿也有弯腿，有四根腿、五根腿的，还有一根独腿者——往往分上下两节，上节腿做圆孔，下节腿做圆榫，交合在一起，且桌面可以转动。

彩漆描金花卉纹圆转桌　图9-41是清代中期宫廷御用圆桌。紫漆地，描彩金，分上下两节，四部分。上节为桌面、独腿和牙，下节为底座、独腿和牙。桌面呈葵花式，上饰描金花卉，面沿有抽屉；面下正中有描金花草纹圆形独腿，其截面挖圆洞，它周围有六个描金花角牙支撑桌面；下节描金花卉纹圆形独腿，上部做圆榫，与上节交合，它的周围也有六个描金花牙与上面对应，花牙坐落在葵花形须弥座上，座下有壶门牙子及龟足。此桌设计科学，造型美观，雍容华贵。

图9-41　彩漆描金花卉纹圆转桌
（引自胡德生《明清宫廷家具》）

镶云石面圆桌　图9-42是清代圆桌，黄花梨木制作，直径104厘米，高84厘米。桌面攒框镶云石，罗锅腿，混面，足外翻，雕回纹，牙板透雕双绳、玉璧、回纹，五腿间装五套环屉面。

图9-42　镶云石面圆桌
（引自李强《中国明清家具赏玩》

螭龙纹膨牙圆桌　图9-43是清代圆桌，红木制作，直径85厘米，高83.5厘米。桌面攒框镶云石，三弯腿，兽面足，膨牙浮雕夔纹，屉面雕五蝠捧寿纹。

图9-43　螭龙纹膨牙圆桌
（引自李强《中国明清家具赏玩》）

大理石面圆桌　图9-44是一款清式圆桌。桌面镶大理石，牙板螺钿镶嵌，四根三弯腿，腿外缘螺钿镶嵌梅花纹，两腿间加两横撑，撑间加如意卡子花，撑下有壶口花牙。此桌造型别具一格。

图 9-44　大理石面圆桌
（引自胡德生《明清家具鉴藏》）

4. 组合圆桌

雕花叶足组合圆桌　图 9-45 是一款清式组合圆桌，由两个半圆桌组成，可分可合，使用方便。它由酸枝木制作，直径 110 厘米，高 86 厘米。桌面圆框与束腰一木连做，牙板云纹浮雕，腿部上端外展，足雕花叶，六足间装雕有海棠图案屉板，既美观又起稳定作用。

图 9-45　雕花叶足组合圆桌
（引自胡德生《明清家具鉴藏》）

黄花梨罗锅腿组合圆桌　图 9-46 是清代中期组合圆桌，直径 94 厘米，高 80 厘米。此桌体量较小，边角使用榉木，面芯为黄花梨木，罗锅腿与牙板随形刻线，平素中略作装饰。

图 9-46　黄花梨罗锅腿组合圆桌
（引自夏风《金屋藏娇：紫檀•黄花梨》）

半圆桌　半圆桌一般用于靠墙、靠窗或靠隔扇位置，摆放陈设品用。图 9-47 是一款清代半圆桌，实际是组合圆桌的一半。桌面下带束腰，牙条浮雕花纹，三弯腿，足雕回纹，腿间屉板浮雕花饰。

双翻回纹足半圆桌　图 9-48 是清式半圆桌。桌面下束腰有六块夔龙纹绦环板，牙板雕西番莲纹，桌腿上部雕西番莲纹，撑间镶透雕夔龙纹屉板，足雕双翻回纹。

图 9-47　半圆桌
（引自夏风《古典家什金屋藏秀》）

图 9-48　双翻回纹足半圆桌
（引自胡德生《明清家具鉴藏》）

5. 须弥座六方桌

图 9-49 是一款紫檀六方桌，设计独特，结构分为三部分：桌面、宝瓶式独挺柱、须弥座。桌面六方形，其下雕云龙纹垂檐，挺柱呈六面瓶形，挺柱下方四周，满雕海水江崖、海螺浮雕。桌面只有一根独柱支撑，但由于独柱粗壮，且坐落在厚重的须弥座上，仍然显稳定坚实。此桌设计独特，构思巧妙，做工精良，具有鲜明的清乾隆盛世家具风格。

图 9-49　须弥座六方桌
（引自《中国博物馆观赏》）

6. 写字台

写字台（办公桌）是清代晚期兴起的一种用于书写、办公的器具，是受西方影响下的家具。中国古代也有类似的家具，称“马鞍桌”或“褡裢桌”。写字台一般可分解拆合，褡裢桌是一体结构，不能拆卸。

红木办公桌　图 9-50 是晚清办公桌，红木制作，长 139 厘米，宽 81 厘米，高 69 厘米。它是书房或办公厅办公用桌，由桌面、两个几和一个足承组成，可拆卸，搬动方便。桌面攒框镶独板，有六个抽屉，方直腿，左右几下有冰片纹屉板，中间有冰片纹足承。此桌造型端庄稳重，具有浓厚的文人气息。

图 9-50　红木办公桌
（引自李强《中国明清家具赏玩》）

嵌大理石面写字台　图 9-51 是清代写字台，清代晚期作品，红木制作，长 134 厘米，宽 58.5 厘米，高 86 厘米。桌面攒框镶大理石，有束腰，方直腿，内翻马蹄足，直牙条，抽屉两层，上层三个较大，下层两个较小。

图 9-51　嵌大理石面写字台
（引自李强《中国明清家具赏玩》）

7. 炕桌

填漆戗金云龙纹炕桌　图 9-52 是清代宫廷御用炕桌，长 85.5 厘米，宽 57 厘米，高 36 厘米。桌面填朱漆戗金升龙，四周环以五彩流云，周沿填漆戗金赶珠纹、折枝花卉纹，间以钱纹锦地，束腰填漆戗金螭龙纹图案。象鼻形腿，其下有圆珠。束腰下牙板填漆戗金双螭纹，雕如意纹、云纹，戗彩色二龙戏珠纹。此桌造型独辟蹊径，填漆工艺高超。

图 9-52　填漆戗金云龙纹炕桌
（引自胡德生《明清宫廷家具》）

髹漆炕桌　图 9-53 是清式炕桌。桌面边沿打洼，牙条开凹口，短料攒接拐子撑，四腿镟成多个重叠的方形、圆形，通体髹漆描金，遍身花卉图案，精美略显烦琐。从腿部镟活来看，此桌似清代晚期作品。

图 9-53　髹漆炕桌
（引自胡德生《明清家具鉴藏》）

花束腰炕桌　图 9-54 是一张清代炕桌，长 105 厘米，宽 72.5 厘米，高 27.5 厘米。桌面下束腰高，且雕有花饰，托腮肥厚，壶门牙板雕有草龙纹样，腿部上端雕兽头，足外翻，其下卧圆球。

图 9-54　花束腰炕桌
（引自胡德生《明清家具鉴藏》）

大理石面炕桌　图 9-55 是一张清代炕桌。桌面攒框镶大理石，牙板为透雕子孙万代葫芦藤，桌腿与桌面相平，足外翻卷云纹，桌面下花牙皆螺钿镶嵌花饰。这是清代家具最常用的装饰手法。

图 9-55　大理石面炕桌
（引自胡德生《明清家具鉴藏》）

（三）几

1. 矮几

下卷炕几　图 9-56 是一款清式炕几，造型独特。几面下卷，牙板做成三个串珠形式，内镶大理石，腿足呈马蹄形。

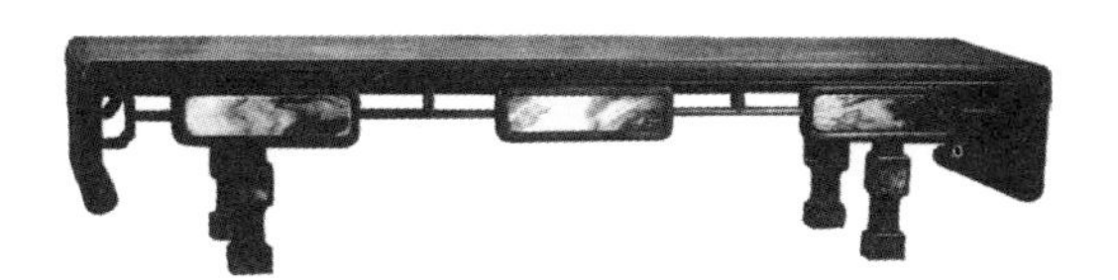

图 9-56　下卷炕几
（引自胡德生《明清家具鉴藏》）

书卷几　图 9-57 是一款清代书卷几。几面光素，书卷式几足，造型单纯素雅。

图 9-57　书卷几
（引自胡德生《明清家具鉴藏》）

卷草牙条长方几　图9-58是一款清紫檀长方几，长34.4厘米，宽25厘米。几面下有束腰，卷草牙条，腿下有拖泥，拖泥角部有云纹，其下为龟足。

图9-58　卷草牙条长方几
（引自胡德生《明清家具鉴藏》）

2. 高几

镶大理石面双层几　图9-59是清代双层几。几面圆框浮雕莲花瓣，内镶大理石面，几面下带束腰，罗锅腿，上部浮雕兽头花饰，足雕兽爪，牙板浮雕葡萄纹，四条腿中间镶有屉板。此几造型敦厚，备显富丽华贵。

雕竹形花几　图9-60是一款清代花几。罗锅腿，四平罗锅撑，除几面外，牙板、看面均雕成竹竿或竹叶造型，别具一格。

图9-59　镶大理石面双层几
（引自柏德元、谢崇桥、陈同友《红木家具投资收藏入门》）

图9-60　雕竹形花几
（引自《长沙地区文物精华 民藏卷（下）》）

三、宝座、椅、凳、墩

（一）宝座

1. 紫檀漆芯百宝嵌宝座

图 9-61 是宫廷御用宝座，长 127 厘米，宽 78 厘米，高 99 厘米。三围屏式，后面屏冠凸出似山形，浮雕海水云龙纹，周缘浮雕万字文，屏芯涂天蓝色漆，镶嵌古树、葡萄藤图案，寓意“多子多孙”，左右扶手装饰亦然。座面攒框镶席芯（或异木板），腿、撑、牙均以拐子纹为饰。此宝座整个造型威武霸气，庄重华丽。

图 9-61　紫檀漆芯百宝嵌宝座
（引自胡德生《明清宫廷家具》）

2. 彩绘描金宝座

图 9-62 是清代宫廷御用宝座，长 163 厘米，宽 106 厘米，高 126 厘米。五屏风式，攒框彩绘描金五龙纹，座面下带束腰，鼓腿膨牙，其下带拖泥。此宝座造型威严端庄。

3. 红雕漆勾莲纹宝座

图 9-63 是宫廷御用宝座，长 101.5 厘米，宽 67.5 厘米，高 102 厘米。通体剔红，靠背正中透雕圆形异体万字纹和夔龙纹，寓意“夔龙捧寿”，扶手透

雕夔龙纹，束腰下有托腮，鼓腿直牙，内翻珠形足，其下带拖泥，通体浮雕勾莲纹图案。此宝座造型庄重辉煌。

图 9-62 彩绘描金宝座
（引自杨秀英《精品家具》）

图 9-63 红雕漆勾莲纹宝座
（引自胡德生《明清宫廷家具》）

4. 云龙纹屏宝座

图 9-64 是一款清代宝座，长 162 厘米，宽 105 厘米，高 128 厘米。座面装五扇屏，屏芯雕云龙纹，搭脑、扶手端部呈书卷式，鼓腿膨牙，内翻马蹄足，其下带拖泥、小足，椅面边缘、束腰及腿部均有雕饰。此宝座做工精细，运刀流畅。

图 9-64　云龙纹屏宝座

（引自宋明明《走进博物馆丛书：上海博物馆》）

5. 五围屏宝座

图 9-65 是一件清代五围屏宝座。搭脑两端下卷，屏芯浮雕拐子纹、云纹，扶手呈阶梯形。座面下带束腰，鼓腿，足内翻雕卷纹，膨牙浮雕卷云纹，足下带拖泥。此宝座造型端重，雕饰适度。

图 9-65　五围屏宝座

（引自李穆《济宁文物珍品》）

（二）椅

清代椅的种类有新的增加，出现了扶手椅、太师椅、躺椅等形式。但彼此之间也没有一个严格的界限，同一件椅，有人称太师椅，有人称它扶手椅，再如灯挂椅，称它靠背椅也未尝不可。所以对椅形的称谓和分类，是个比较模糊的概念。

1. 交椅

清代交椅与明代交椅没有太大的变化，它们的造型、构件基本相同。

镶铜黄花梨交椅　图 9-66 是一张清代交椅，造型结构相当于胡床与圈椅的结合体。背板浮雕螭纹、麒麟纹及云纹，相当于鹅脖处加挂牙装饰支撑，椅面由丝绳编制而成，脚踏下有壶门牙板支撑，各构件相交处皆用铜饰加固。整个交椅备显雍容华贵。

黄花梨交椅　图 9-67 中椅与前者大同小异，只是背板有些变化。前者有雕饰，后者光素。

图 9-66　镶铜黄花梨交椅
（引自胡德生《明清家具鉴藏》）

图 9-67　黄花梨交椅
（引自胡德生《明清家具鉴藏》）

2. 圈椅

黑漆彩绘圈椅　图 9-68 是清代早期黑漆彩绘圈椅。椅背呈“S”形，上部有圆形龙云纹浮雕图案，扶手前端与鹅脖之间有挂牙，椅面下牙条光素。此椅整个造型素雅大方。

图 9-68　黑漆彩绘圈椅
（引自柏德元、谢崇桥、陈同友《红木家具投资收藏入门》）

黄花梨镶大理石圈椅　图 9-69 是清代圈椅，长 52.7 厘米，宽 41 厘米，高 96 厘米。黄花梨木制作，背板镶三种不同形状的大理石，椅圈不出头，与鹅脖相交，四面镶圈口牙板，四面底撑下有牙板相托。

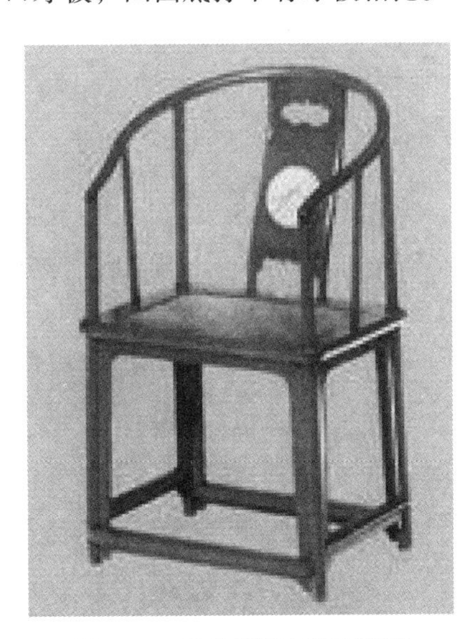

图 9-69　黄花梨镶大理石圈椅
（引自杨秀英《精品家具》）

罗锅撑圈椅　图 9-70 是一对黄花梨圈椅。背板分成四段，第一段、第三段开光成椭圆形与鱼肚形，第二段透雕卷草龙纹，第四段为亮脚。后腿上端左右各加一根曲形斜撑，此种构件罕见。椅圈扶手不出头，椅面下四面各加罗锅撑，撑上加矮老，步步高赶撑，踏脚撑下加牙条承托。

图 9-70　罗锅撑圈椅

（引自胡德生《明清家具鉴藏》）

黄花梨小圈椅　图 9-71 是明末清初的小圈椅，长 56 厘米，宽 43 厘米，高 170 厘米，黄花梨木制作。鹅脖位于椅面进深中部，无联帮棍，椅圈与鹅脖相交处凸出，内角加一小挂牙。此椅圆腿圆撑，无多余装饰，干净利落，轻盈秀丽。

图 9-71　黄花梨小圈椅

（引自杨秀英《精品家具》）

黄花梨装心板圈椅 图 9-72 是一张清代圈椅。椅面采用落堂装芯板的做法，背板呈“S”形，两根横撑将其分为三段，上部透雕螭龙纹，中间装背板，下部为亮脚。鹅脖与后腿上部装挂牙，壶门圈口雕云纹，方腿，除踏脚撑为板状外，其他构件截面均为圆形。

图 9-72 黄花梨装芯板圈椅

（引自路玉章《中国古家具鉴赏与收藏》）

3. 躺椅

躺椅是一种既可坐又可躺卧的坐具。其特点是椅面进深大，靠背向后仰，适于半躺休息。

图 9-73 是一对清代红木躺椅，通长 210 厘米，宽 65 厘米，高 80 厘米。它由椅子与踏脚两部分组成，踏脚前面加腿，后面横撑搭在椅子左右撑上，躺时拉出，坐时推入。此椅设计巧妙，搭脑、扶手、靠背等构件曲线柔和流畅。

图 9-73 躺椅

（引自夏风《古典家什金屋藏秀》）

4. 靠背椅

紫漆描金夔龙纹靠背椅　图 9-74 是清代中期宫廷御用靠背椅，长 51 厘米，宽 41.5 厘米，高 90 厘米。通体紫漆地，描金纹，卷云形搭脑，饰卷云纹，座面周沿与束腰饰以卷草纹，牙板两端外展雕云纹，且披在腿外形成展腿式，其上饰以夔龙纹间以宝珠纹，步步高赶撑，腿面饰以卷草纹。

图 9-74　紫漆描金夔龙纹靠背椅
（引自胡德生《明清宫廷家具》）

鸡翅木镶影木面靠背椅　图 9-75 是一对清式鸡翅木镶影木面靠背椅，长 44.5 厘米，宽 40 厘米，高 95 厘米。搭脑与后腿上截弧形相交，背板透雕花饰精美，高束腰，鼓腿膨牙，两前足外翻兽爪，牙板与腿上部浮雕花纹。

如意纹靠背椅　图 9-76 是一套晚清时期靠背椅，长 45 厘米，宽 44 厘米，高 92 厘米。后腿上端向内弯曲，与如意纹搭脑连为一体，靠背分为三段，中间一段镶背板，上下镶透雕如意纹。腿间上部安卷云纹罗锅撑，撑上加两个矮老，腿下部四面安单撑。

图 9-75　鸡翅木镶影木面靠背椅
（引自胡德生《明清家具鉴藏》）

图 9-76　如意纹靠背椅
（引自胡德生《明清家具鉴藏》）

5. 灯挂椅

紫漆描金万福团花灯挂椅　图 9-77 是宫廷御用灯挂椅，长 53 厘米，宽 42 厘米，高 108 厘米。通体紫漆地，描金纹饰。搭脑拱形，两出头，背板向外微弯，饰锦纹双喜纹，椅面攒框镶芯，落堂镶板，饰万福团花纹。圆腿，上部四面装罗锅撑、矮老，下部四面装直撑，踏脚撑下有罗锅撑支撑。

牛角搭脑灯挂椅　图 9-78 是一款清代黄花梨木灯挂椅，宽 49.5 厘米，进深 37.4 厘米，通高 102.5 厘米。搭脑呈弓形，中间宽，两端做叉角，且伸出后腿上端以外，背板阴刻“延年益寿”四字。椅面独板制作，前面圈口以圆棍装饰，左右椅面下加牙板，踏脚撑下加牙条承托。

图 9-77　紫漆描金万福团花灯挂椅
（引自胡德生《明清宫廷家具》）

图 9-78　牛角搭脑灯挂椅
（引自路玉章《中国古家具鉴赏与收藏》）

6. 官帽椅

四出头官帽椅　图 9-79 是清式四出头官帽椅。搭脑罗锅形，靠背攒框镶板，板芯浮雕花饰，其下为亮脚，椅面攒框镶席芯。扶手只有鹅脖没有联帮棍，椅面下装圈口牙子，脚踏撑下饰以牙头。

南官帽椅　图 9-80 是清代南官帽椅。搭脑与立柱相交、扶手与鹅脖相交，呈软圆角，背板光素，微呈弧形，扶手下装联邦棍，椅面下装素牙，腿间四面装撑，踏脚撑下有牙板支撑。此椅造型具有明式风格。

图 9-79 四出头官帽椅
（引自胡德生《明清家具鉴藏》）

图 9-80 南官帽椅
（引自李穆《济宁文物珍品》）

黑漆嵌螺钿南官帽椅 图 9-81 是宫廷御用南官帽椅，长 57 厘米，宽 44.5 厘米，高 104 厘米。通体黑漆，嵌螺钿花纹，构件均用方料。椅面攒框镶席芯，后腿与立柱一木连做，搭脑呈弓形，与向后微弯的立柱相交，呈软圆角，背板攒边镶板，向后微拱，饰螺钿山水画图案，下端镶云纹亮脚，扶手、鹅脖、联邦棍均呈不同弯度，借以打破呆板的直线。方直腿，铜包脚，四面平管脚撑，高罗锅撑，其上加矮老。此椅做工精湛，样式新颖。

图 9-81　黑漆嵌螺钿南宫帽椅

（引自胡德生《明清宫廷家具》）

红木高靠背南官帽椅　图 9-82 是清代南官帽椅，长 56 厘米，宽 45 厘米，高 107 厘米。搭脑正中凸起，背板攒框镶板，上下分三段，上端与中段嵌大理石，底部浮雕纹饰，扶手做两弯处理后与鹅脖相接，扶手下没有联邦棍。椅面攒框镶席，素牙板，四面撑，踏脚撑下有牙条支撑。

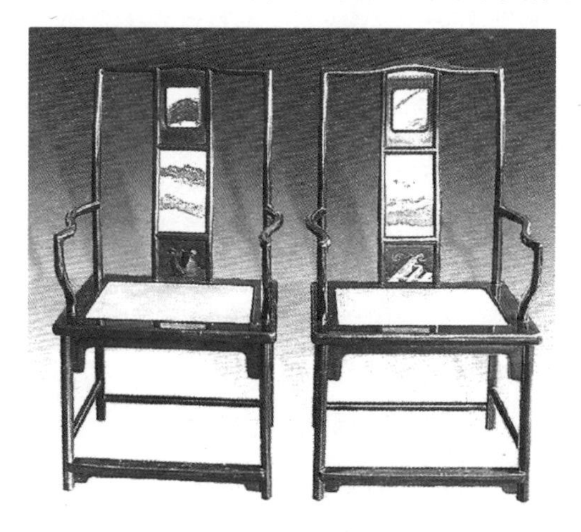

图 9-82　红木高靠背南官帽椅

（引自李强《中国明清家具赏玩》）

矮靠背南官帽椅　图 9-83 是清代南官帽椅，长 61 厘米，宽 57 厘米，高 94 厘米。此椅靠背较矮，背板光平，椅面攒框镶席芯，落堂做法，壶门牙条，步步高赶撑，踏脚撑下有罗锅撑支撑。

图 9-83　矮靠背南官帽椅
（引自杨秀英《精品家具》）

扇形面官帽椅　图 9-84 是一款清代铁力木官帽椅。椅面呈扇形，前边面阔短，后边面阔长，且向里微凹。圆腿，椅面下罗锅撑上加矮老，靠背如三扇屏，它与扶手皆为框内加竖圆棍而成，亦似疏背玫瑰椅。此椅造型独特，别具一格。

图 9-84　扇形面官帽椅
（引自柏德元、谢崇桥、陈同友《红木家具投资收藏入门》）

7. 太师椅

太师椅一名最早来源于宋代，它的原始形态是带有荷叶形托首的交椅。清代一般把材质名贵、装饰豪华、做工考究，能够彰显主人身份地位的椅子统称太师椅，亦称清式扶手椅。太师椅一般体量硕大，靠背扶手联为一体，形成围屏状，有三屏、五屏、七屏，后面屏单数，左右屏双数，且与椅面垂直。太师椅整个造型浑厚威严，状似山岳。

紫檀嵌珐琅太师椅　图 9-85 是清代中期宫廷御用太师椅，紫檀木制作，长 64 厘米，宽 51.5 厘米，高 114 厘米。搭脑、扶手透雕卷云纹，背板浮雕卷云纹，上部嵌黄杨木雕磬纹及流苏，中部嵌番莲纹掐丝珐琅片，束腰打洼，直牙，直腿浮雕拐子纹足，圈口镶拐子纹牙板。此椅造型端庄，富丽堂皇。

图 9-85　紫檀嵌珐琅太师椅

（引自胡德生《明清宫廷家具》）

福、禄、寿纹太师椅　图 9-86 是一张清代鸡翅木太师椅。搭脑呈弓形，靠背框内侧雕云纹，背板透雕蝙蝠、鹿及寿字，寓意福、录、寿，暗含对美好生活的向往。方腿，足部浮雕回纹，牙板浮雕卷云纹。此椅造型浑厚庄重，装饰鲜明突出。

书卷背板太师椅　图 9-87 是一款清代太师椅。背板居中凸出，顶端呈书卷式，其下分为三部分，一、二部分为横竖两个矩形，浮雕云勾纹图案，下部为亮脚。背板与背框之间左右各加挂牙，挂牙之间各装一双绳系玉璧纹，扶手至椅面之间亦用同样装饰手法。椅腿、牙条、撑等构件无过多雕饰。此椅构思别具匠心，式样新颖，雕饰轻重分明，具有较高的艺术价值。

图 9-86　福、禄、寿纹太师椅
（引自路玉章《中国古家具鉴赏与收藏》）

图 9-87　书卷背板太师椅
（引自路玉章《中国古家具鉴赏与收藏》）

螺钿镶嵌太师椅、茶几　图9-88是清代太师椅。搭脑下靠背正中开圆光，圆框镶嵌一圈异型寿字，圆芯镶山水纹大理石，其左右透雕梅花纹。椅面攒框镶大理石，外展式四腿，拱肩处雕兽头，外翻鹰爪足，牙板梅花透雕，四足间装罗锅撑。其他部位镶嵌梅花、折枝花卉。茶几工艺手法与太师椅完全一样。这套椅、几具是清代盛世代表作。

图9-88　螺钿镶嵌太师椅、茶几
（引自胡德生《明清家具鉴藏》）

清式黄花梨太师椅　图9-89是一把清代太师椅。靠背中间高左右低，三屏式，扶手前后错落，绦环板镂空，座面下牙板卷草纹浮雕，四腿比较粗壮，腿间装四面平撑。

图9-89　清式黄花梨太师椅
（引自胡文彦《中国家具鉴定与欣赏》）

镶大理石背板太师椅　图 9-90 是一对清代红木太师椅，长 70 厘米，通高 130 厘米。靠背正中镶圆形天然大理石，靠背外框与大理石框之间，透雕成五组宝石镶嵌造型，上面一组九颗，寓意“天长地久”；其下左右各四颗，寓意“四平八稳”，二四相加为八，寓意“发家致富”；再下三组，各为六颗，寓意“六六大顺”。扶手框内用同样装饰手法。罗锅腿，足部、牙板亦做宝珠雕饰。此椅整个造型既端庄富贵，又不失巧妙活泼。

图 9-90　镶大理石背板太师椅

（引自夏风《古典家什金屋藏秀》）

如意屏太师椅　图 9-91 是一把清代太师椅。靠背与扶手连为一体，高低错落，背部由三扇屏组成，顶部雕成如意浮雕花饰，扶手嵌绦环板。座面下有束腰，四条腿截面为方形，束腰下有回纹牙条装饰，四面撑下有牙条支撑。

图 9-91　如意屏太师椅

（引自胡文彦《中国家具鉴定与欣赏》）

缠枝纹太师椅　图9-92是一款清代太师椅。除背板正中为圆形浮雕花与花瓶外，扶手与靠背框皆由缠枝组成各种造型，椅面下有束腰，罗锅腿，足外翻雕窝纹，牙板雕卷草纹。此椅下部宽厚稳重，上部纤细俊俏，轻重分明。

图9-92　缠枝纹太师椅

（引自路玉章《中国古家具鉴赏与收藏》）

8. 玫瑰椅

梳背靠背玫瑰椅　图9-93是一款清式玫瑰椅，长56厘米，宽44厘米，高90厘米。椅腿有侧角，椅面四角攒边镶席芯，靠背与扶手皆由木棍排列而成，椅面下加一根横撑和三个矮老，腿下部安装步步高赶撑，转角处皆有铜饰加固。

透雕靠背玫瑰椅　图9-94是清式玫瑰椅，长59.5厘米，宽46厘米，高82厘米。背板透雕寿字、螭纹，扶手下装有曲边圈形牙子，椅面下雕有回纹壸门卡子花，腿下四面装步步高赶撑，踏脚撑下有牙条承托。

黄花梨云龙纹玫瑰椅　图9-95是清代玫瑰椅，黄花梨木制作，长61厘米，宽46厘米，高87厘米。背板透雕云、龙、寿字纹，扶手下圈口装浮雕花饰牙板，其下装横撑、卡子花，圆腿，腿间装浮雕龙纹、回纹圈口牙板，步步高赶撑。

图 9-93　梳背靠背玫瑰椅
（引自胡德生《明清家具鉴藏》）

图 9-94　透雕靠背玫瑰椅
（引自胡德生《明清家具鉴藏》）

图 9-95　黄花梨云龙纹玫瑰椅
（马未都《马未都说收藏·家具篇》）

9. 梳背椅

红木梳背椅　图 9-96 是清代梳背椅，红木制作，长 48.5 厘米，宽 40 厘米，高 92 厘米。靠背似木梳，向后微倾，椅面攒框镶席芯，面下圈口牙板正中微卷，圆腿，四面撑，踏脚撑下有牙条支撑。

图 9-96 红木梳背椅
（引自李强《中国明清家具赏玩》）

紫檀六角梳背玫瑰椅 图 9-97 是清代梳背椅，紫檀木制作，长 58 厘米，宽 40 厘米，高 82 厘米。椅背呈木梳状，可称梳背椅，由于梳背低矮，与扶手落差小，亦可称玫瑰椅。椅面六角形，攒框镶席芯，腿间装素壶门牙板，四面平管脚撑。

图 9-97 紫檀六角梳背玫瑰椅
（引自李强《中国明清家具赏玩》）

（三）杌凳

1. 方凳

紫檀透雕松竹梅兰方凳 图 9-98 是宫廷御用方凳，紫檀木制作，凳面边长 38 厘米，高 48 厘米。四面齐平，无束腰，方直腿，上下两层四面平罗锅撑，凳面与上层撑之间四面分别装松、竹、梅、兰透雕花牙，寓意“四君子”。

图 9-98 紫檀透雕松竹梅兰方凳
（引自胡德生《明清宫廷家具》）

紫檀拐子纹牙方凳 图 9-99 是清代乾隆年间方凳，紫檀木制作，凳面边长 57 厘米，高 52 厘米。凳面攒框镶藤芯，拐子纹牙子，方腿，内翻马蹄足。

图 9-99 紫檀拐子纹牙方凳
（引自杨秀英《精品家具》）

黄花梨方凳　图 9-100 是一款清式方凳，凳面边长 66 厘米，高 51.8 厘米。凳面攒框镶藤面，有束腰，方腿，内翻马蹄足脚，四面罗锅撑将四根腿连接。

图 9-100　黄花梨方凳
（引自胡德生《明清家具鉴藏》）

紫檀鼓腿膨牙方凳　图 9-101 是清初宫廷御用方凳，凳面边长 57 厘米，高 52 厘米。凳面攒框镶板，落堂安装，有束腰，鼓腿膨牙，内翻马蹄足，腿与牙条接角处装云纹角牙。此凳结构简洁，样式敦厚。

图 9-101　紫檀鼓腿膨牙方凳
（引自胡德生《明清宫廷家具》）

红木镶瓷板方凳　图 9-102 是清代方凳。凳面正中镶一块彩色花卉瓷板，其下有束腰，花牙亦镶瓷板，罗锅腿，足外翻雕叶形纹。

连体花纹牙方凳　图 9-103 是清代方凳，紫檀木制作，凳面边长 60.5 厘米，宽 60.5 厘米，高 52 厘米。凳面光素，有束腰，方直腿，内翻马蹄足，牙条透雕连体花纹。

图 9-102　红木镶瓷板方凳
（引自胡德生《明清家具鉴藏》）

图 9-103　连体花纹牙方凳
（引自杨秀英《精品家具》）

文竹包镶方凳　图 9-104 是清代中期宫廷御用方凳，凳面边长 34.5 厘米，高 46 厘米。凳面方形抹角，束腰开鱼肚光，上下有托腮，鼓腿膨牙，内翻马蹄足，其下带腿泥。托腮、腿、拖泥与抹角，保持相应的方向，腿面亦开鱼肚光，牙条呈回纹样式，通体木胎包镶文竹。此凳构思独到，制作精美。

图 9-104 文竹包镶方凳
（引自胡德生《明清宫廷家具》）

2. 长凳

图 9-105 是清式长凳，长 49.5 厘米，宽 15 厘米，高 40 厘米。凳面侧沿上下起线，方腿有侧角，俗称“四劈八叉”，云纹牙头，两侧各有两根横撑连接。

图 9-105 长凳
（引自胡德生《明清家具鉴藏》）

3. 圆凳

红木兽爪圆凳　图 9-106 是清代圆凳，直径 43.5 厘米，高 47 厘米。凳面微呈葵花形，攒框镶云石芯。有束腰，与面框一木连做，三弯腿，顶端雕兽头，足雕兽爪，牙板透雕西番莲纹，腿间加四面平弧形管脚撑。此凳设计别出心裁，形象生动自然。

图 9-106　**红木兽爪圆凳**
（引自李强《中国明清家具赏玩》）

红木圆鼓凳　图 9-107 是清代圆凳，呈鼓形。凳面攒框落堂式安装，五根弧形腿，中部宽，坐落在拖泥上，其下有龟脚承托。

图 9-107　**红木圆鼓凳**
（引自李强《中国明清家具赏玩》）

镶云龙纹瓷心圆凳　图 9-108 是清式圆凳。鼓形，凳面攒框镶云龙纹瓷板，有束腰，鼓腿膨牙，四腿间壶门开光，足带蹼，其下有拖泥，拖泥下饰龟脚。

图 9-108　镶云龙纹瓷心圆凳
（引自胡德生《明清家具鉴藏》）

（四）墩

1. 五开光绣墩

图 9-109 是一款清代绣花墩。墩面落堂踩鼓式，鼓墩上下边缘以乳丁装饰，鼓壁为五条弧形腿，形成五个开光，腿间壶门牙子饰以卷草纹。其绣墩下端带拖泥，拖泥下装五个小足。

图 9-109　五开光绣墩
（引自胡德生《明清家具鉴藏》）

2. 四开光坐墩

图 9-110 是一款清代坐墩。墩面落堂踩鼓做法，四开光，牙板浮雕拐子纹，腿中间宽出，做两个鱼肚开光。此墩造型秀美，轻便实用。

图 9-110　四开光坐墩

（引自龙志丹《中国古家具收藏鉴赏》）

3. 镶大理石绣墩

图 9-111 是清代秀墩，直径 33 厘米，高 46 厘米。鼓形，凳面攒框镶大理石，弧形宽腿，中部呈方形且有圆孔，舌形牙板，腿间饰双线海棠纹，底面下有四足。此墩整个造型实空有序，粗细搭配，端庄俊美。

图 9-111　镶大理石秀墩

（引自李强《中国明清家具赏玩》）

4. 紫檀直棂墩

图 9-112 是清式坐墩，直径 46 厘米，高 30 厘米。鼓形，上下沿面饰以乳丁，墩壁由直棂组成，底部有龟足。

5. 竹形壁坐墩

图 9-113 是一款清代坐墩。墩面采用落堂踩鼓做法，墩壁雕成捆扎竹节样式，座下加龟足。

图 9-112 紫檀直棂墩
（引自杨秀英《精品家具》）

图 9-113 竹形壁坐墩
（引自龙志丹《中国古家具收藏鉴赏》）

四、箱、柜、格、橱

（一）箱

1. 樟木箱

图 9-114 是一款清代樟木箱，长 100 厘米，宽 53 厘米，高 63 厘米。它由箱盖、箱身、底座组成。前面安面叶锁插，左右安提环，外表看不出卯榫结构，前后箱壁与左右堵头以格肩燕尾榫结交。

图 9-114 樟木箱
（引自胡德生《明清家具鉴藏》）

2. 黄花梨盝顶式官皮箱

图 9-115 是清代官皮箱，盝顶式，长 35.5 厘米，宽 26 厘米，高 35 厘米，黄花梨木制作。箱盖盝顶形，对开门，内有抽屉三层，共七个抽屉。底座镂成壶门牙子，铜面叶、如意头锁插、合页、拉手、提手齐全。此种箱是旧社会官员出差、巡游，携带文件、随身物件之用，体量不大，携带方便。

图 9-115　黄花梨盝顶式官皮箱
（引自李强《中国明清家具赏玩》）

（二）柜

1. 云龙纹顶箱立柜

图 9-116 是故宫太和殿内的顶箱立柜，共四件，上面是箱，下面是柜。紫檀木制作，门心、柜堂均浮雕龙纹、海水天涯，形象生动，雕工精细。颌、面叶锁插、铜裹脚等铜活相配适度，充分体现出皇家气派。

2. 紫檀木四件柜

图 9-117 是清朝乾隆年间四件柜，紫檀木制作，长 101 厘米，宽 56 厘米，高 210 厘米。门芯、柜堂浮雕磬纹、夔龙纹、云纹，雕工精湛，纹理细腻，足部有铜包脚，配以铜活。整个器具体态雄浑，气势庄严。

图 9-116　云龙纹顶箱立柜
（引自于倬云《紫禁城宫殿》）

图 9-117　紫檀木四件柜
（引自李强《中国明清家具赏玩》）

3. 黄花梨百宝嵌顶竖柜

图 9-118 是宫廷御用顶竖柜，黄花梨木制作，长 185 厘米，宽 72.5 厘米，通高 272.5 厘米。此柜分上下两节，上节箱，下节柜，各对开门，上节柜面用各色叶蜡石镶嵌出历史故事画，下层镶嵌成番人进宝图，人物、异兽、山水、花卉，五颜六色，热闹非凡。

此柜下部是柜堂与素牙板，足装铜包脚。此柜形体宽厚，气度非凡，装饰豪华，皇家气派十足。

4. 黄花梨高脚柜

图 9-119 是清代高脚柜，黄花梨制作，长 117 厘米，宽 73 厘米，高 232 厘米。对开门，攒框镶独板，腿高，方直，壶门直牙条，角牙浮雕卷草纹。内装四屉，两屉平设为隔层，最上面有一活动隔板。

图 9-118　黄花梨百宝嵌顶竖柜
（引自胡德生《明清宫廷家具》）

图 9-119　黄花梨高脚柜
（引自李强《中国明清家具赏玩》）

5. 黄花梨雕山石云龙纹方角柜

图 9-120 是清代黄花梨方角柜。柜门与牙板高浮雕山石云龙纹，形象生动，走刀顺畅，用料考究，柜帮为独板，配以铜活，倍显雍容富贵。

图 9-120　黄花梨雕山石云龙纹方角柜
（引自杨秀英《精品家具》）

6. 红木西番莲纹大柜

图 9-121 是清代大柜，红木制作，长 159 厘米，宽 40 厘米，高 226 厘米。正中有闩杆，对开门，攒框镶板芯，起阳线，浮雕西番莲纹，柜堂做法亦然，牙板浮雕回纹、西番莲纹。此柜雕工高超，气度不凡。

图 9-121　红木西番莲纹大柜
（引自李强《中国明清家具赏玩》）

（三）格

1. 紫檀山水人物亮格柜

图 9-122 是宫廷御用亮格柜，紫檀木制作，长 109 厘米，宽 35 厘米，高 182 厘米。两层格，格的上部装镂空套叠方胜纹横眉，格下有两大四小抽屉，均有铜面叶，再下是闩杆和对开门，门攒框镶板，一扇浮雕桐荫对弈图，另一扇浮雕观瀑图，其下为须弥座。此格造型浑厚，雕饰典雅。

2. 红木亮格柜

图 9-123 是清代亮格柜，长 83.5 厘米，宽 44.5 厘米，高 176 厘米。其上部两层格，下部是屉与柜门。亮格三面装棂花，其下为两个抽屉和柜橱对开门，直腿，包铜脚，素壶门牙条。

图 9-122　紫檀山水人物亮格柜

（引自胡德生《明清宫廷家具》）

图 9-123　红木亮格柜

（引自李强《中国明清家具赏玩》）

3. 红木掐丝珐琅多宝格

图 9-124 是一对清代多宝格。其上部三面空敞，细雕精美圈口牙条，屉、柜门、牙板饰彩色掐丝珐琅图案，华丽高雅。

图 9-124 红木掐丝珐琅多宝格
（引自杨秀英《精品家具》）

4. 紫檀夔龙纹多宝格

图 9-125 是清代乾隆年间多宝格，紫檀木制作，长 126.5 厘米，高 194.5 厘米。此件器物将陈列与储藏功能合二为一，每格都镶有精细透雕花饰圈口牙子。抽屉、柜门浮雕夔龙纹，纹理精细，走刀流畅，腿间装浮雕回纹膨牙，其下是带有束腰的底座，足雕回纹。

5. 榆木四面空敞多宝格

图 9-126 是清代榆木多宝格，四面空敞，没有抽屉、柜门与背板，四面都可观赏，除牙子外，格子占有全部空间。每个格子大小形状各不相同，可供陈放不同形体的文物、工艺品。

图 9-125　紫檀夔龙纹多宝格
（引自李强《中国明清家具赏玩》）

图 9-126　榆木四面空敞多宝格
（引自杨秀英《精品家具》）

6. 多宝格

图 9-127 是清代中期多宝格，宽 120 厘米，高 180.9 厘米。它由格、抽屉和柜橱三大部分组成。格子多变化，圈口装透雕花牙，屉面、柜门、牙板浮雕细腻、繁缛。

图 9-127　多宝格
（引自夏风《金屋藏娇：紫檀·黄花梨》）

（四）橱

1. 黄花梨连二橱

图 9-128 是一件清代连二橱。橱面两端起翘，橱面与腿之间装挂牙，橱面下有两个抽屉，刻有卷草壶门圈口，其下为闷仓，浮雕二龙戏珠，壶门牙板浮雕卷草纹。此橱造型端庄，装饰适度。

图 9-128　黄花梨连二橱

（引自胡德生《明清家具鉴藏》）

2. 黄花梨雕草龙纹连三橱

图 9-129 是清代连三橱，黄花梨木制作，长 192 厘米，宽 50.5 厘米，高 88 厘米。面板光素，左右微微起翘，面下有三个抽屉，刻有云纹圈口，闷仓面板光素，方直腿，与板面交接处有透雕夔纹挂牙，两腿间壶门牙板肥宽，浮雕卷草龙纹。此橱整体大气稳重，简繁适度。

图 9-129　黄花梨雕草龙纹连三橱

（引自杨秀英《精品家具》）

五、屏风

（一）折屏

1. 紫檀八宝八扇屏

图 9-130 是一款清代紫檀八扇屏。每屏结构自上而下为绦环板、绦环板、屏芯、绦环板、裙板、牙条。此屏绦环板、裙板浮雕花饰，镶嵌玉石，屏芯镶嵌玉质八宝图案，足铜包脚。此屏做工精致，富丽高雅。

图 9-130　紫檀八宝八扇屏
（引自《中国博物馆观赏》）

2. 黄花梨寿字龙纹围屏

图 9-131 是清代围屏，十二扇，黄花梨木制作，宽 30 厘米，通宽 360 厘米，高 320 厘米。上部绦环板嵌异型大理石，下部绦环板、裙板、牙条，雕海水云龙纹。

3. 红木镶瓷板四扇屏

图 9-132 是清式折屏，共四扇。有挂钩连接，每屏自上而下为三个面积相等的镶山水画青瓷板屏芯，雕博古纹的裙板、回纹牙板。

图 9-131 黄花梨寿字龙纹围屏
（引自杨秀英《精品家具》）

图 9-132 红木镶瓷板四扇屏
（引自胡德生《明清家具鉴藏》）

4. 镶大理石珍珠四扇屏

图 9-133 是清式四扇围屏。屏芯镶嵌大理石四季花卉人物并配以书法，裙板螺钿镶嵌菊花、牡丹等花卉，其下回纹牙子。此屏装饰新颖，设计巧妙，为清代风格之一帜。

图 9-133　镶大理石珍珠四扇屏
（引自胡德生《明清家具鉴藏》）

（二）座屏

1. 紫檀边嵌珐琅山水花鸟座屏

图 9-134 是清代乾隆年间宫廷御用座屏，宽 395 厘米，高 294 厘米，紫檀木制作。五扇，屏冠与边牙连为一体，透雕流云、蝙蝠、磬及双鱼等纹样。屏芯为錾胎珐琅山水、花鸟、树木画。须弥座，上、下枭浮雕莲花瓣，束腰浮雕回纹，圭角浮雕回纹。此屏气势雄浑，做工精湛，具有广式家具风格。

图 9-134　紫檀边嵌珐琅山水花鸟座屏
（引自胡德生《明清宫廷家具》）

2. 带屏帽三扇小座屏

图 9-135 是清乾隆年间的座屏，宽 81 厘米。此屏分三部分：屏帽，浮雕云纹、蝠纹、寿字，寓意“福寿无疆”；屏扇，中间宽屏绘彩色松鹤，左右窄屏绘彩色花鸟，寓意“长寿万年”；底座为须弥座，雕云纹图案。此屏素色搭配，造型庄严稳重。

图 9-135 带屏帽三扇小座屏
（引自胡德生《明清家具鉴藏》）

3. 插屏

紫檀嵌牙点翠仙人楼阁插屏 图 9-136 是宫廷御用插屏，紫檀木制作，宽 90 厘米，高 150 厘米。屏框内外边缘起阳线，中间凸雕缠枝卷草纹，屏芯为“海屋添寿图”画面，以象牙嵌楼台殿阁，以翠鸟羽毛嵌贴山石、树木、人物、鸟兽等形象，生动自然，栩栩如生。屏座由左右拱形座墩、立柱、立牙、余塞板、披水板组成，柱头、绦环板浮雕蝠磬纹，披水牙、立牙雕西洋卷草纹。此屏雕刻精细，镶嵌工艺高超，实为绝世珍品。

黑漆嵌竹梅双面插屏 图 9-137 是清代早期宫廷御用插屏，长 63 厘米，进深 29 厘米，高 57 厘米。屏与屏座一木连做，屏框下余塞板镂空，正中雕云纹，其下是披水牙板，屏框坐落在左右拱形座墩上，前后有立牙扶持。除屏心外，通体撒粘螺钿细砂，屏芯黑漆地，正面凸雕梅树、竹子，以螺钿镶嵌梅花，背面以竹材凸嵌竹枝。

图 9-136　**紫檀嵌牙点翠仙人楼阁插屏**
（引自胡德生《明清宫廷家具》）

图 9-137　**黑漆嵌竹梅双面插屏**
（引自胡德生《明清宫廷家具》）

紫檀锦缎云龙纹插屏　图 9-138 是清代乾隆年间插屏，紫檀木制作，高 110 厘米。屏框浮雕卷草纹，屏芯饰云龙纹锦缎，屏座由墩座、立柱、抻瓶立牙、绦环板、披水牙板组成。此屏造型秀气高雅。

图 9-138　**紫檀锦缎云龙纹插屏**
（引自杨秀英《精品家具》）

4. 挂屏

挂屏如字画一样，挂在墙上只起装饰作用。它一般为双数，即四扇屏、六扇屏、八扇屏等。

紫檀边嵌福寿字挂屏　图 9-139 是一对清代宫廷御用挂屏。紫檀木边框，内沿起线，正中嵌染牙镂雕梭子纹，屏芯黑地，上部嵌绿染牙“御制罗汉赞”，下部分别嵌铜镀金福寿字。在字体上，用着色象牙嵌云水、山石、松竹及十八罗汉图。此屏设计奇巧，工艺高超。

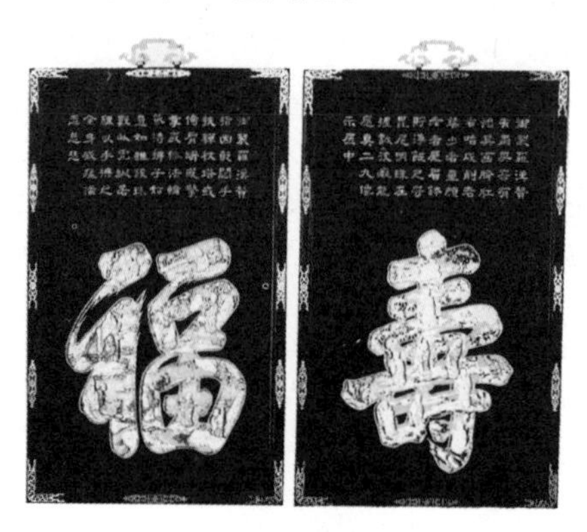

图 9-139　紫檀边嵌福寿字挂屏
（引自胡德生《明清宫廷家具》）

镶瓷板画四扇挂屏　图 9-140 是清代四扇挂屏，高 139 厘米。屏框由红木制作，雕有蝙蝠纹，屏芯镶瓷板，其上绘仕女人物故事。

图 9-140　镶瓷板画四扇挂屏
（引自胡德生《明清家具鉴藏》）

镶瓷器片四扇挂屏　图 9-141 是清代挂屏，黄花梨木制作。每扇镶各类器皿宋元钧窑瓷片，价值高，风格高古。

图 9-141　镶瓷器片四扇挂屏
（引自杨秀英《精品家具》）

六、架、盒、台

（一）架

1. 衣架

酸枝木透雕二龙戏珠牌子衣架　图 9-142 是清代宫廷御用衣架，酸枝木制作，宽 256 厘米，高 200 厘米。搭脑两端圆雕回头龙首，两柱之间安装牌子与横撑，牌子由短柱分割成三段，装透雕二龙戏珠纹，牌子与撑之间装有透雕龙纹卡子花，撑两端下方装有透雕云龙纹托角牙。两柱外侧与搭脑之间装有云龙纹挂牙，两柱前后有透雕云龙纹立牙夹持，坐落在有浮雕云纹架墩上，两柱下端有横撑相连，其下装有满雕云龙纹的披水板。

红木龙首衣架　图 9-143 是清代衣架，红木制作，长 126 厘米，高 163 厘米。搭脑两端圆雕龙首，左右圆柱安装在拱形墩上，柱与搭脑相交处内外装有卷草挂牙和坠角撑。搭脑下由三根撑将上下空间分成三部分，一、二撑间分三段，装开光圈口牙板，下撑两端下装坠角撑，两柱底端装有棂格屉。此衣架整个造型轻盈灵便，为民间使用器具。

图 9-142 酸枝木透雕二龙戏珠牌子衣架
（引自胡德生《明清宫廷家具》）

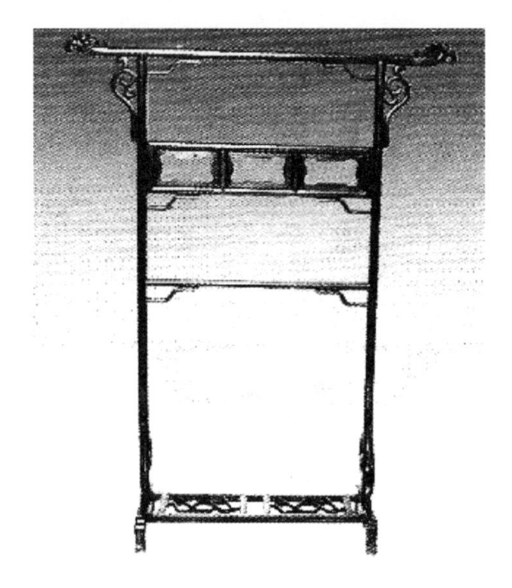

图 9-143 红木龙首衣架
（引自李强《中国明清家具赏玩》）

2. 脸盆架

黄花梨六方形盆架　图 9-144 是一款清代盆架，高 113.1 厘米。六方形，束腰雕螭龙纹，三弯腿，外翻足，其下带拖泥，壶门牙与腿的拱肩处亦雕花饰。此盆架造型大方稳重。

图 9-144　黄花梨六方形盆架

（引自胡德生《明清家具鉴藏》）

黄花梨六足高盆架　图 9-145 是清代高脸盆架，直径 50.5 厘米，短腿高 56.5 厘米，后腿高 166.5 厘米。后腿顶端安搭脑，搭脑两端出头，雕螭龙首，其下方镶壶门圈口牙子，两侧装云龙纹挂牙。架子正中镶透雕人物、麒麟牌子，其下壶门牙板，再下横撑装直板牙子，六根腿上下各三根横撑交叉连接，构成高脸盆架。

图 9-145　黄花梨六足高盆架

（引自柏德元、谢崇桥、陈同友《红木家具投资收藏入门》）

3. 火盆架

方形火盆架　图 9-146 是一款清代火盆架。它实际就是一张只有四框、没有凳面、空心的凳子。此款火盆架只有四框没有凳心，金属火盆放在其中，其下为束腰。方腿，内侧做两个弧形，壶门圈口牙板与腿内侧刻阳线云纹。腿下内勾脚，雕卷珠纹，其下加龟足。

图 9-146　方形火盆架
（引自马未都《马未都说收藏·家具篇》）

圆形火盆架　图 9-147 是清式红木火盆架，高 65 厘米。圆口，带束腰，五条三弯腿，圆珠足，五腿间有五根圆撑相互插接，牙板上雕有五朵卷云。此火盆架造型别致典雅。

图 9-147　圆形火盆架
（引自胡德生《明清家具鉴藏》）

4. 灯架

紫檀雕凤纹挑杆灯架　图9-148是宫廷御用灯架，紫檀木制作，灯座直径35厘米，通高195厘米。灯架底座为正方形须弥座，上安瓶式座，瓶四角有坐牙扶持，灯杆安装在瓶口里。杆顶斜撑圆雕凤纹，其下有挂环，吊挂方形大吉葫芦玻璃灯，灯顶为方形毗卢冠，四角挂流苏。此灯架造型威严庄重，富丽高雅。

黑漆描金灯架　图9-149是一对清代灯架，高203.2厘米。灯架结构与前者大致相同，灯座由交叉的三对抱鼓式墩座组成，灯杆插在正中，并由六个掸瓶立牙扶持，灯杆顶着灯盘，灯盘上安装六角攒尖式罩。此灯通体黑漆描金，具有典型的清朝风格。

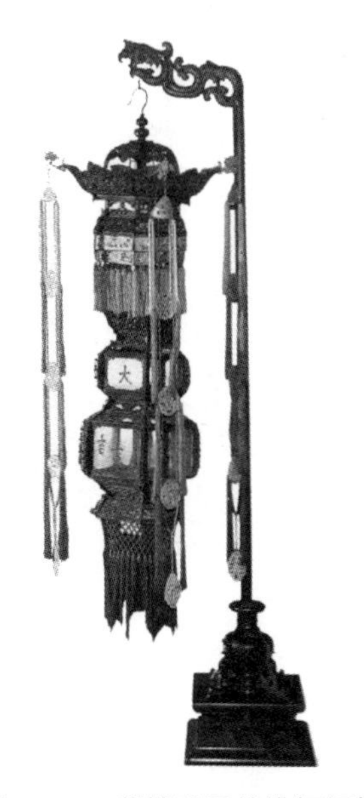

图9-148　紫檀雕凤纹挑杆灯架

（引自胡德生《明清宫廷家具》）

图9-149　黑漆描金灯架

（引自胡德生《明清家具鉴藏》）

方形灯托灯架　图9-150是清代灯架。灯座由两个拱形墩座十字相交，刻有回纹，灯柱分上下两节，下节瓶状，插在灯座上，柱的四面由卷草立牙夹持。上节灯柱安装在瓶口内，其顶端安装方形雕花灯托，且有卷草挂牙从四个方向承托。

牛角灯架　图9-151是清宫廷灯具，通高200厘米，宽37厘米，由灯座、灯柱、灯托和灯罩组成。灯座之间前后镶披水牙板，灯座正中安一立柱，立柱前后有立牙扶持。立柱上部加两道横梁，横梁间镶雕花板，横梁中间有洞孔，灯柱从洞中穿过；灯柱下端装横木，横木两端做榫头插入立柱内侧槽中，可上下升降。灯柱顶端安灯托，其下有四只挂牙承托，灯托正中安签子，用以插蜡烛。灯托边有铁架，用以套灯罩，灯罩是由牛角加热锤制而成。

图 9-150　方形灯托灯架
（引自路玉章《中国古家具鉴赏与收藏》）

图 9-151　牛角灯架
（引自胡德生《明清宫廷家具》）

榆木升降灯架　图 9-152 是清代升降灯架，榆木制作，宽 30 厘米，进深 28 厘米，高 190 厘米。其造型、结构原理与前者基本相同，由灯架、灯柱、灯座、灯托组成。灯架左右立灯柱，内侧开槽，上面装一道横梁和一根横撑，顶梁凸形，两梁、撑正中打孔。灯柱顶端为圆形灯托，四周有挂牙承托，灯杆自上而下从梁、撑孔内插入，灯杆底端安装横木，横木两端做榫插入柱槽，便可升降。两柱安装在左右灯座上，前后有立牙扶持，灯架下部有两块透雕花饰绦环板，其下有壶门牙条。

5. 镜架

黄花梨三屏式镜架　图 9-153 是一款清初的黄花梨镜架，高 82 厘米，是放在桌案上使用的矮形镜架。它分两部分，下部是个长方形台子，由柱、栏板、抽屉组成，上部有三扇屏和可活动的镜架。屏风三扇，中间高两边低，中间分三段，左右各分两段，透雕海水、云龙纹和鲤鱼跳龙门图案。屏风搭脑两端出头，圆雕龙首，龙首下有挂牙支撑，镜架中段透雕圆形龙凤呈祥图案，上段透雕松鼠与葡萄纹，底部壶门花牙。台子分三层，第一层栏板，前面四根望柱，柱头坐四只狮子，后面两望柱柱头为莲花，第二层抽屉三个，底层抽屉两个，其下饰以壶门牙板。

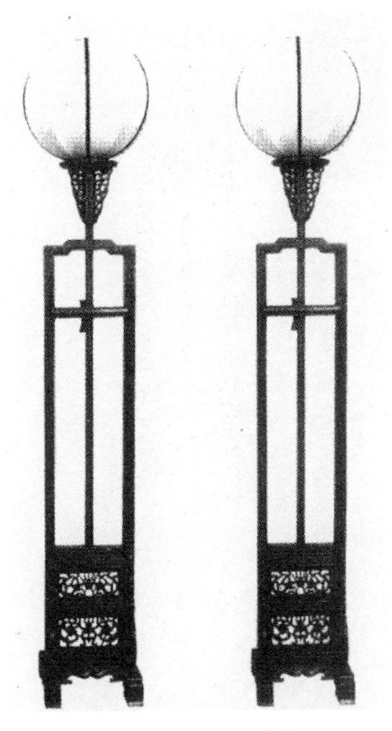

图 9-152　榆木升降灯架
（引自舒惠芳《古典家具》）

图 9-153　黄花梨三屏式镜架
（引自胡德生《明清家具鉴藏》）

（二）盒

1. 单屉梳妆盒

图 9-154 是一款广泛流传于民间的清代梳妆盒。上面的盒盖支起是面镜子，底下是一个抽屉，可放置化妆品。

图 9-154 单屉梳妆盒
（引自路玉章《中国古家具鉴赏与收藏》）

2. 五屉梳妆盒

图 9-155 是一件清代梳妆盒。其下面有四个宽窄、高低、大小不同的抽屉，装有合页、面叶、拉手等铜活。

图 9-155 五屉梳妆盒
（引自路玉章《中国古家具鉴赏与收藏》）

（三）台

1. 黑漆金雕花梳妆台

图 9-156 是晚清时期梳妆台，长 120 厘米，进深 59 厘米，高 215 厘米，是一款清代晚期受西方文化影响的梳妆台。它上下分两部分，下部像张传统的褡裢桌，桌面微呈凹形，左右似几，上部各有四个抽屉，屉下装花牙，下部是四根腿，腿下有隔板，板下有花牙，足外翻，两几由一大两小抽屉相连，其下装花牙。上面是镜架，镜框占桌面的宽度一半，玻璃镜外安装镂空瓶状牙板，将镜面露出瓶形，镜框左右各设两个壁龛，内镶西洋画。再下有两层抽屉，所有屉面与牙条均雕花饰，镜与壁龛上装有顶柱和镜冠，金雕西洋花饰。此镜基本西化，但雕饰细腻，装饰豪华。

图 9-156　黑漆金雕花梳妆台
（引自李强《中国明清家具赏玩》）

第十章　中国传统家具材质

中国明清时期家具之所以取得很高的成就，除设计造型风格突出、制作工艺精湛纯熟外，与使用的材质密不可分。家具和人一样，身材好、模样好还不行，还得靠穿着打扮增加美色。木材的纹理及表面的光泽就是家具的服装。明清两代家具，明代多用黄花梨、鸡翅木、铁力木、乌木；清代除上述名贵材木外，使用最多的是紫檀木，紫檀处于硬木领军地位。这些材质的纹理漂亮，光泽柔润深沉，为家具表面增添了光彩，它本身就是一种天然的艺术品，给人以美的享受。材木和人一样，还有各自的性格，有的“性”大，脾气大，性情不稳定，会随天气湿度、温度而变化。刚伐下来时，挺直，顺溜，等到一干，开始变形，体量变小，形体扭曲，拧成麻花，这种材料绝不能做家具使用。有的材木纤维，雕刻不好走刀，或雕出来纹理很粗，断茬，有这些毛病的材木都不适于做家具。所以材质好坏不仅直接影响家具的寿命，还影响着家具的表面艺术效果。

中国传统家具材质分为两大类，第一类是硬木、细木，硬木都生长在热带东南亚各国及我国广东省、广西壮族自治区、云南省等地，这类树木生长得很慢，生长期长。我们看硬木横截面的年轮，非常细，密密麻麻难以辨别，所以它的纹理细腻，色泽光亮，沉重坚硬。

细木包括以下树种：紫檀、花梨木、鸡翅木、铁力木、乌木、红木、楠木等。除楠木外其他又称硬木，我们常说“硬木家具”即指除楠木以外的上述材质的家具。以上细木在明清时期多用于皇家宫廷或上层社会。

第二类是柴木，或称软木，柴木似有贬义，称软木，亦不够准确。因有的软木其实也很硬，所以硬与软是相对而言的。柴木包括楠木、榉木、樟木、榆木、黄杨木、核桃木以及瘿木等。

一、细木

（一）紫檀

紫檀产于东南亚热带南洋群岛地区，印度、柬埔寨、越南等国。我国广东、广西、云南等地也有少量出产。

紫檀在我国被认为是最名贵的木材，所以清宫里的家具绝大多数是紫檀木制作的。图10-1为紫檀的表面纹理，它有很多特性是其他木材不具备的。其一，外表特征，紫檀无疤痕，呈紫黑色，光泽耀目。紫檀家具时间越久远，越漂亮，经空气氧化色泽更光亮，更沉稳，雍容华贵，沉静稳重。古籍《博物要览》记载："新者色红，旧者色紫，有蟹爪纹，新者以水浸之，可染物。"其二，"性"小，脾气小，不变形，性情稳定。无论伐下来怎样、放多长时间，还是老样不走形、不变样，稳定性强。一般木头遇潮膨胀，遇干收缩，这是木料天性。而紫檀变形很小，这是它最宝贵的性质。其三，紫檀木质坚硬、沉重，放在水里立即下沉，这也是识别它的一个重要标志。其他木料放在水里会漂浮，紫檀质量比重大于水，所以下沉。其四，紫檀纤维很细，适于雕刻。不仅顺纹走刀好走，横纹走刀也很顺畅，"横向走刀不阻"。紫檀雕出的花饰，犹如冲压出来的一样光滑规则。其五，紫檀本身还是一种药材，有止血、止痛、疗淋、敷刀伤的医疗功能。所以紫檀锯末都很值钱。

紫檀贵重还在于它大材很少，二三十厘米粗的就算大材了，而且只有里面的心能用。另外，紫檀非常容易腐朽，有"十檀九空"之说；物以稀为贵，有"一寸紫檀一寸金"之说。

图10-1　紫檀

（二）花梨木

花梨木也是最名贵的木材之一，地位价值仅次于紫檀。花梨木原名“花榈”，广东一带称之为“香枝”，学名“海南降香黄檀”，主要产于东南亚各国及我国广东、广西。花梨木分新花梨与老花梨两种。新花梨亦称草花梨，色彩赤黄，棕眼粗，纹理条形，没光泽，木质疏松，与老花梨比，品质相差甚远。老花梨亦称黄花梨，纹理如行云流水，非常漂亮，有的上面有“鬼脸”。所谓鬼脸就是主干上的枝杈被砍掉后所留在主干上的疤节，一般树上的疤节易空，坚硬难用，而黄花梨疤节除纹理好看外，木质与其他部分无异。黄花梨性情温润，性小，应力小，不变形，适于雕刻，不产生连带断裂，制作中会飘出一种香气。黄花梨还有一大优点——材料大，这是紫檀不具备的。图10-2为花梨木的纹理表面。

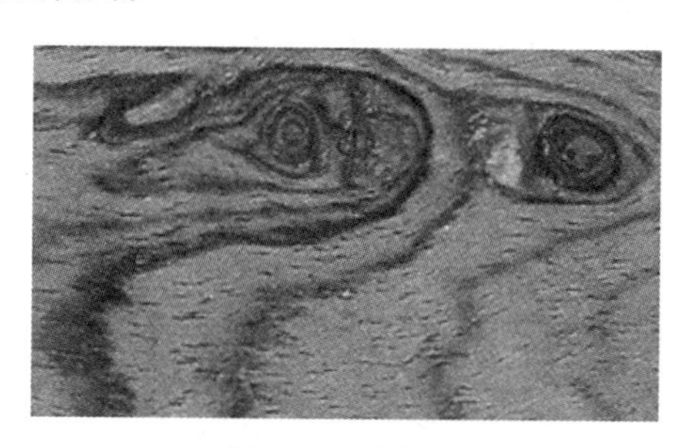

图 10-2　花梨木

（三）鸡翅木

鸡翅木也是一种名贵的材质，产于热带，非洲的刚果、扎伊尔、南亚、东亚及我国广东、海南也有出产。史书上称之为“溪鸟敕鸟”（鸂鶒），这是一种非常漂亮的水鸟，形似鸳鸯。由此可知鸡翅木纹理很好看，状似羽翅，纹理上胜于紫檀与花梨木。它的颜色随光线变化而变化，有时紫褐色，有时暗红色。鸡翅木另一特点就是坚硬，有“木里含沙石”之说。鸡翅木也有新老之别，新的木质粗糙，纹理不清，老的纹理细腻，光泽明亮。鸡翅木在明朝倍受青睐。图10-3为鸡翅木的纹理表面。

（四）铁力木

铁力木亦称铁梨木、铁栗木，产于印度与我国广东、广西南方等省。铁力木材质坚硬、沉重，纹理、色泽近似鸡翅木，但比较粗，不如鸡翅木细腻。铁梨木树身高大，能取大料，适于制作大型家具，如案面。陈嵘所著《中国树木分类学》记载“铁梨木为大常绿乔木，树干直立，高可十余丈，直径达丈许——原产东印度”。由于铁力木价格低廉，明式家具多用它制作大型家具。另外由于铁力木外观酷似鸡翅木，有的家具商往往用它冒充鸡翅木。图10-4 为铁力木的纹理表面。

图 10-3　鸡翅木

图 10-4　铁力木

（五）乌木

乌木亦称“巫木”，产于海南、云南等地，这是一种色如黑漆的木材。古籍《古今注》记载：“巫木出交州，色黑有纹，亦谓之乌纹木。”乌木纹理细腻，坚硬沉重，有的沉水，似紫檀。乌木树小，无大材，比较名贵，常用它做家具的边框或芯板，局部使用。

（六）红木

红木亦称酸枝木，因锯或刨它时会散发出一种扑鼻酸味故名。红木产于热带南洋群岛，印度为主要产地，我国广东、云南也有少量出产。红木纹理色泽、密度材质介乎于紫檀与黄花梨之间，所以商界有以此冒充紫檀的现象。现今红木已成为紫檀、黄花梨的代用物。

清代乾隆以后，紫檀渐少，高档家具多用红木制作，用它仿造明式家具，可以做到以假乱真。但红木不如紫檀，一是性大，易变形；二是纹理粗，不适于雕刻，雕细则会出现“崩茬儿”。图 10-5 为红木的纹理表面。

图 10-5　红木

二、柴木

柴木在我国广大地区都有生产，因此价格低廉，在民间广泛用来制作家具。当然在材质的硬度上、纹理的细腻上、色泽的光亮上、雕刻的适应上，不能与硬木相提并论，但像榉木、核桃木等也能制作出良好的家具作品。

（一）楠木

楠木亦名枏木，属于细木，但不属于硬木，属于柴木。楠木产于我国云南、四川、广东、广西、湖南、湖北等地。楠木有三种：金丝楠、香楠、水楠。金丝楠木纹有金丝，在阳光照耀下夺目耀眼；香楠纹理漂亮，色偏紫，有香味；水楠木质松软，只能做一些小型家具如桌、凳之类。楠木非常名贵，它有很多优点，最大的优点就是材大、耐腐、寿长。现今北京清代的长陵大殿、太殿，明代的历代帝王庙中的景德崇盛殿、太庙享殿，避暑山庄的楠木大殿，皆为楠木制作，不使漆保护，经数百年风雨，至今完好无损。我国挖掘出多座汉墓，其“黄肠提凑”（用木料叠加成墓壁，棺椁放在其中）有的用楠木制作，在地下数千年，保持完好。楠木还有一大优点就是性温、有香味，清宫使用很多，紫檀黄花梨龙榻夏天使用凉爽，冬天使用楠木龙榻，取其温润。图 10-6 为楠木的纹理表面。

图 10-6　楠木

（二）榉木

榉木亦写成“椐木”或“椇木”，产于我国江苏、浙江。北方称“南榆”，榉木虽不算细木，但明式家具中却有不少是用榉木制作的，且不乏有精美之作。其特点是材质坚硬，耐久性强，寿命长，纹理宽直、鲜明醒目，色泽近似花梨木。图 10-7 为榉木的纹理表面。

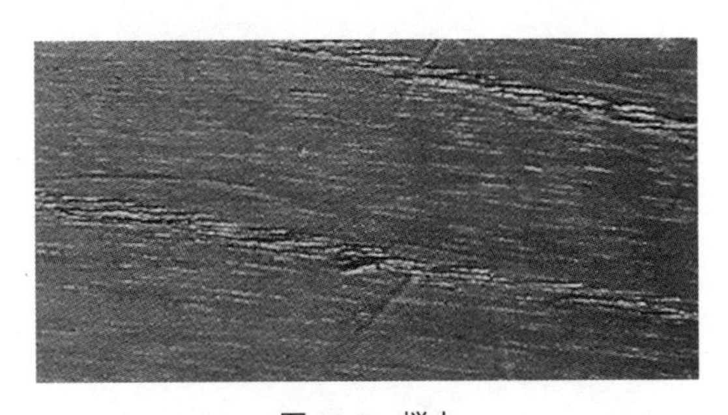

图 10-7　榉木

（三）樟木

樟木产于我国江西，红褐色，纹理细而无序，性小，不易变形，适于雕刻，且具有浓烈芳香，蚊虫避之不侵，当地人常用它做衣箱。还可用其色泽纹理特点装饰不同材质家具表面，产生相互映衬、对比变化的艺术效果。图 10-8 为樟木的纹理表面。

图 10-8　樟木

（四）榆木

榆木产于我国华北、东北广大地区。其纹理粗直，质地比较坚硬，榆木家具在北方民间广泛流行。图 10-9 为榆木的纹理表面。

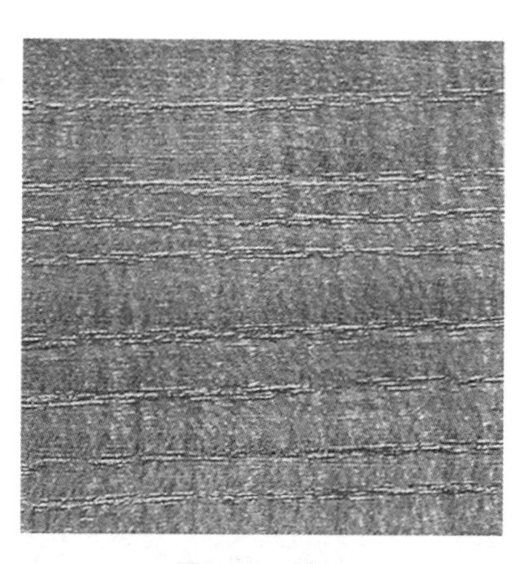

图 10-9　榆木

（五）黄杨木

黄杨木成长缓慢，无大材。有书记载“黄杨木树小而肌极坚细，枝丛而叶繁，四季常青，每年只长一寸，不溢分毫，至闰年反缩一寸”。黄杨木纹理细腻，色如蛋黄，常用它来做其他材木家具的装饰。若镶嵌在檀木之类的深色木家具上，格外醒目，造成大小相间、深浅有别、相互映衬的艺术效果。图 10-10 为黄杨木的纹理表面。

图 10-10　黄杨木

（六）核桃木

核桃木产于我国华北、东北、西北、华中、华东等广大地区。核桃木与楠木很接近，易于混淆。核桃木的纹理略粗一些，色泽接近金褐色。它有“真核桃树”（家核桃树）、“满洲核桃树”和“野核桃树”之分。

真核桃树结核桃果，属于干果，可食用，有很高的营养价值。真核桃树边材色浅，芯材栗子色或带紫色。性情稳定，适做家具，因它为果木，一般不当木材使用。家具用材一般以“满洲核桃树”为主。图 10-11 为核桃木的纹理表面。

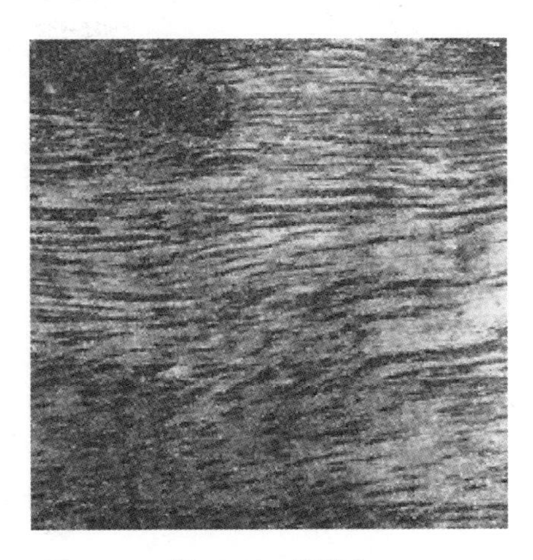

图 10-11　核桃木

（七）瘿木

瘿木亦称“影木”。瘿木并不是一种树种，而是各种树接近根的位置常常生长的一种树瘤，是树的一种病态，刨开后有一种特殊的纹样，面积不大，常用它做局部装饰。瘿木有的纹理像葡萄，有的像龟背，有的像虎皮。图10-12 和图 10-13 为瘿木的纹理表面。

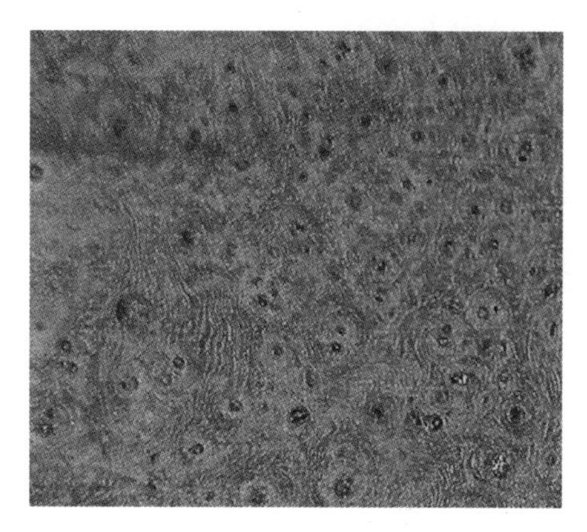

图 10-12　瘿木之一

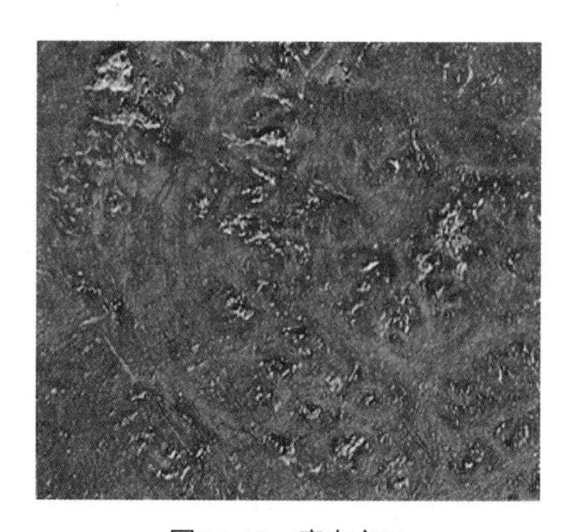

图 10-13　瘿木之二

第十一章　中国传统家具陈设习俗

前面讲述了中国传统家具种类、功能、结构、造型。家具功能主要是体现在生活使用中，但不可忽视的是家具还有一种美学功能，好的家具本身就是一种艺术品，摆在那里能给人一种美的享受。家具摆放的位置，不同家具如何组合，不同功能的房间陈设何种样式家具及如何陈设，都有讲究，都有不成文的习俗。

中国传统家具的摆放陈设不能随便，不能随心所欲，有一定的规矩、法则遵循，或有家具的传统摆放习俗。这与整个中国传统文化是一脉相承的。

我国古籍中虽然找不到关于家具陈设方面的专著，但明代文震亨所著《长物志》一书却有这方面的论述。“位置之法，繁简不同，寒暑各异，高堂广榭，曲房奥室，各有所宜。即如图书鼎彝之属，亦须安设得所，方知图画。云林清秘。高梧古石中，仅一几一榻，令人思见其风致。真令神骨俱冷。故韵士所居，入门便有一种高雅绝俗之趣。若使前堂养鸡牧豕，而后厅侈言浇花洗石，政不如凝尘满案。环堵四壁，犹有一种萧寂气味耳。”

此书还分别讲述了卧室、敞室、丈室、佛堂、斋室等的家具陈设，现仅摘录作者对斋室的家具陈设的主张、见解：“斋中仅可置四椅一榻，他如古须弥座短榻、矮几、壁几之类，不妨多设。忌靠壁平设数椅。屏风仅可置一面，书架及厨俱列以置图史。然亦不宜太杂，如书肆中。”以上是作者对书房家具的类别、陈设方法的论述，这是他从生活中总结出来的理论，文字不多，却十分精辟。

通常家具陈设，其一，要考虑房间的使用功能，是客厅、卧室还是书房，根据需要选择相关家具；其二，要根据房屋建筑平面、立面结构及门窗朝向陈设家具；其三，家具陈设以使用方便为原则；其四，留出足够的活动空间。例如，书房（斋室）是看书做学问的场所，书案、书桌、椅凳、书柜、灯具甚至小型榻，是必不可少的。书案是用来看书写字的家具，它只能靠窗的槛墙摆放，而不能靠后檐墙，因需要采光。而书柜的位置最好靠近书案，工作起来方便。这是现今人们的共识。

古人家具陈设还有一些不成文的守则，第一个原则就是讲等级。在长期的封建社会中，形成了严格的等级观念，君臣、尊卑、正偏，这些等级观念不能逾越。战国时期的《考工记》，是建筑领域里等级制度的体现者。它对城市建设就有明确的规定："匠人营国，方九里，旁三门，国中九经九纬，经涂九轨，左祖右社，面朝后市。"因西周是我国第一个封建制的国家，周王朝分封了很多大大小小的诸侯国，每个诸侯国也有自己的王城，对这些诸侯国的王城也做了明确的规定：大的诸侯城不得超过王城的三分之一，中等诸侯城不得超过王城的五分之一，小的诸侯城不得超过王城的九分之一。这是我们有文献记载以来所看到的体现在建筑上的等级规定。

等级体现在社会生活各个方面，而作为建筑里的重要填充物的家具，当然也必须遵循这个原则，家具的级别及家具的陈设要严格按等级办事。皇帝被称为天子，管理臣民，具有至高无上的权威。人世间皇帝地位最高，皇帝的宫廷无论建筑还是内部家具陈设都是最高等级的。材料品质、做工质量、装饰水平都应是最高级别的。明清两朝的宫殿故宫，皇帝临朝听政的大殿，无论是太和殿还是乾清宫，宝座后面竖立着八字形体量庞大的落地屏风，屏风冠圆雕云龙，屏座为满花饰的须弥座，宝座靠背、扶手也是云龙纹圆雕，通体涂金。这些都是传统家具的极品，属于最高等级。清代王府大殿家具，与之相比略逊一筹，绝不能超越皇宫或等同皇宫，否则犯上，治罪。

图 11-1 是故宫太和殿正厅的宝座及屏风。以宝座为例，底座为须弥座式，圭角雕龙首、龙爪，下枭雕莲花瓣，束腰、上枋雕吉祥纹并镶嵌红绿宝石，围栏绦环板，浮雕云龙图案，靠背、扶手圆雕坐龙、蟠龙，并通体涂金。其整个造型博大雄浑，气势磅礴，金光灿烂，夺人心目，它是宝座中最高等级。

第二个原则是讲方位，讲家具摆放的方向与位置，也是一个很重要的原则。从前面《考工记》记载的周王城中，我们不仅可以看出当时周王城的规模，城门与道路的分布与相互对应的关系，还能看出主要建筑的位置、朝向。

图 11-1　故宫太和殿正厅宝座
（引自于倬云《紫禁城宫殿》）

《周易·说卦》中写道：“圣人南面而听天下，向明而治。”意思是说圣人了解、处理天下事时，要面对南方。故宫皇帝的宝座都坐落于大殿的明间正中，也是在北京城的中轴线上，宝座、屏风与其他家具陈设都坐落在高高的丹陛上，它是故宫内外朝建筑中的最高点。这种规定已不是文字上的条文，它已成了中华民族的传统习俗。这可能与我国的地理位置有关，特别是在北方，冬天西北风刮来让人觉得特别严寒，太阳给人们带来温暖。早晨，太阳从东面升起，中午的太阳最强烈，坐北朝南是最理想、最适合生存的条件，所以过去把北方称为正。所谓正，是正对着太阳。北为正，为尊，为上，东西方向，左右方向，次之。与正方向相对的方向——南最卑。所以皇宫的主殿、府衙大堂、庙宇的大殿，皆为坐北朝南。中国的建筑是以间为单位，以栋为单位，以院落为单位的形制。在一座院落里，北房为正，北房间数为奇数，即三间、五间、七间、十一间。中间明间为主，为正，其他房间什么方位为正呢？尽间对着门的方向为正，其他次间、稍间，因左右有门，自然以北为正；东西厢房及倒座，亦以对着门的方向为正。所以成组的主要家具一般陈放在正对门的方向。最大的成组家具由一件大的长案、一张八仙桌和两把椅子组成。

我们到故宫大殿或寝宫去参观，就会发现，家具的陈列严格按照上述法则实施。一个院落北房为正，为主，它是长者、尊者居住的地方。

在这一排七间房间里，中间一间为主，丹陛及丹陛上象征权力的屏风、宝座及仙鹤、宝瓶、角端等器具，有吉祥象征意义的装饰品都陈列在这里。

以故宫乾清宫大殿为例，它曾先后是皇帝、皇后的寝宫，皇帝临朝听政的地方，它坐北朝南，面阔九间，中间一间为主，是皇帝临朝听政的殿堂，这一间的家具陈设，充分体现了中国家具陈设的基本原则。图 11-2 是乾清宫正殿家具陈设照片。四柱上悬挂两幅颂扬皇帝功德的楹联，太师壁上方高悬“正大光明”匾额；丹陛以上自后往前依次为五扇龙冠座屏一座、龙饰宝座一座、龙案一张、角端一对、玉塔一对、仙鹤一对、鼎炉两对。这些家具的陈设，不仅展示了它的实用功能，更重要的是它的象征功能，充分体现了皇家至高无上的权势、地位，体现出“中”“正”的内涵。

图 11-2　乾清宫正殿

（引自于倬云《紫禁城宫殿》）

第三个原则是讲主从，讲正偏。生活中家具很多，有卧具床榻，有陈放物品的桌案，有坐具椅、凳、墩，有储存物品的箱、柜、橱等。这些家具如何摆放，也有规则可循，这就是要有主有从，主从有序。例如，床在卧室里它就是主，一天二十四小时，除八小时工作和吃饭外，大部分时间在床上度过，所以床应摆放在重要位置上。如前所述，一间房内重要位置是坐北朝南，另一个是对着门的位置，无论床是直着放还是横着放，不是对着门，就是对着窗，生活中很少见到把床摆放在墙角，那样视觉上也不舒服。

大的平头案、翘头案、架几案也是家具中的主，它们一般也坐北朝南或放在对着门窗的位置，其他家具放在它们的左右作为陪衬。即使在一条案上的“小摆设”（有实用价值的或没有实用价值的小型瓷器、玉器、漆器等装饰品），也要遵循这个原则。一般正中是主位，摆放漂亮的插屏或座钟，其左右对称放置一对胆瓶、帽筒之类的器物做陪衬。在视觉上会产生大小、高低节奏上的变化，含有美学原理。图 11-3 是故宫养心殿中的次间，宝座的位置是主位，因对着门，坐炕上的炕几、左面隔扇前的平头案为辅位。对于正面一组，宝座为主，左右高几及几上的宝象为辅。

图 11-3　养心殿东次间

（引自于倬云《紫禁城宫殿》）

第四个原则是讲成组配套。中国家具有的是成组配套使用，如两米多长的大案，无论是平头案、翘头案还是架几案，一般不单独摆放，而是与一张八仙桌和两把太师椅成组摆放在一起。大案靠墙，八仙桌摆在它的前面，其左右各放一把太师椅，大案上再放置一些插屏、座钟、镜台、瓷器，墙壁上再挂上挂屏、字画等。这组家具直对房门，一进屋便映入眼帘，让人为之一振，这样的摆设气势宏伟，视觉冲击力强，会给人留下强烈印象。

第五个原则是讲单双数。中华民族对数字非常重视，有一定的讲究单数和双数有严格区分。例如建筑，正房必须是单数，三间、五间、七间、九间、十一间等，左右要有厢房，厢房可以是单数也可以是双数。家具亦然。有的家具要单数，有的家具要偶数。床必须是单数，一间卧室只能放一张床，这可以理解为一间房里只能有一对夫妇居住，所以只能放一张床，他人不得介入。八仙桌、圆桌，一般也是单数，椅、凳、墩要双数。这里有实用原因，也有前面所讲的原因。前面讲过正对房门的大案、八仙桌和两把太师椅，这套家具不仅作为摆设，而且还表现出待客的礼节。唐代前，建筑的基座设有两座踏垛，东面的踏垛称“阼”，供主人上下，西面的踏垛称为“阶”，供客人上下，宾主有别。客厅里迎面这组家具，就是待客的位置，东面这把椅子是主人坐的，西面那把椅子是客人坐的，宾主一左一右，八仙桌上摆有茶具，边喝茶边聊天，很是惬意。

一间房内还可以放一张方八仙桌于房中间，并配以四张、八张椅子或凳、墩，圆桌的摆放亦然。有的家具如立柜、衣箱、书柜、多宝格、花台、半圆桌等一般要双数。这些家具或并列摆放，或隔物对称摆放，很少单数。

第六个原则是讲对称。对称法则是美学的重要原则之一，在视觉上它给人以安定、稳重、平和的心理感受。中国古代建筑严格遵守这一法则，老北京从民居的三合院、四合院的院落到整个北京城，都是按对称原则建成的，家具陈设也一样。前面讲了一般家庭客厅的陈设，正面一张大条案、一张八仙桌，左右各一把太师椅。若是大家庭，客厅大，两把椅子不够用，就再在左右各摆一排太师椅与茶几，仍是左右对称，给人以庄重、肃穆的感受。

第七个原则是讲寓意。中国家具往往通过雕刻、绘画、镶嵌等工艺手段，借助动物、植物、自然景物的寓意，寄托人们对吉祥、幸福、美满的向往与追求。

参考文献

[1] 胡文彦. 中国家具鉴定与欣赏 [M]. 上海：上海古籍出版社，1996.

[2] 胡德生. 明清家具鉴藏 [M]. 太原：山西教育出版社，2005.

[3] 阮长江. 中国历代家具图录大全 [M]. 南京：江苏美术出版社，1993.

[4] 胡德生. 明清宫廷家具 [M]. 北京：紫禁城出版社，2008.

[5] 马未都. 马未都说收藏·家具篇 [M] 北京：中华书局，2008.

[6] 杨秀英. 精品家具 [M]. 呼和浩特：内蒙古人民出版社，2005.

[7] 李强. 中国明清家具赏玩二 [M]. 长沙：湖南美术出版社，2009.

[8] 于倬云. 紫禁城宫殿 [M]. 香港：商务印刷馆香港分馆，1982.

[9] 上海博物馆. 带你走进博物馆：上海博物馆 [M]. 北京：文物出版社，2004.

[10] 上海博物馆. 上海博物馆集刊 [M]. 上海：上海书画出版社，2002.

[11] 朱筱新. 文物讲读历史 [M]. 北京：学苑出版社，2006.

[12] 王秀生，丁志清. 山西长治唐墓清理略记 [J]. 考古，1964(8).

[13] 吕涛. 中华文明史第二卷（先秦）[M]. 石家庄：河北教育出版社，1992.

[14] 北京读图时代文化发展有限公司. 最新古铜器收藏百问百答 [M]. 长沙：湖南美术出版社，2010.

[15] 顾问，周谷城. 中华文明史（第七卷）（元代史）[M]. 石家庄：河北教育出版社，1992.

[16] 李希凡. 中华艺术通史 [M]. 北京：北京师范大学出版社，2006.

[17] CCTV 走进科学. 中国博物馆观赏 [M]. 上海：上海科学技术文献出版社，2011.

[18] 徐进. 文博 [M]. 西安：文博杂志社编辑部，2012.

[19] 路玉章. 中国古家具鉴赏与收藏 [M]. 北京：中国建筑工业出版社，2006.

[20] 读图时代. 中国古家具收藏鉴赏百问百答 [M]. 北京：中国轻工业出版社，2006.

[21]（宋）聂崇义. 新定三礼图 [M]. 北京：清华大学出版社，2006.

[22] 麦英豪，王文建. 西汉南越国寻踪 [M]. 杭州：浙江文艺出版社，2011.

[23] 傅举有. 马王堆汉墓不朽之谜 [M]. 杭州：浙江文艺出版社，2011.

[24] 王秋华. 谁发现了文明丛书——惊世叶茂台 [M]. 天津：百花文艺出版社，2002.

[25] 文物编辑委员会. 文物 [M]. 北京：文物出版社，1986.

[26] 宋明明．走进博物馆丛书：上海博物馆［M］．成都：四川少年儿童出版社，2001．

[27] 夏风．金屋藏娇：紫檀•黄花梨［M］．上海：上海书店出版社，2006．

[28] 李清泉．宣化辽墓：墓葬艺术与辽代社会［M］．北京：文物出版社，2008．

[29] 河南博物院．走进博物馆丛书：河南博物院［M］．成都：四川少年儿童出版社，2001．

[30] 王炜林．考古与文物第 193 期［M］．西安：考古与文物编辑部，2012．

[31] 柏德元，谢崇桥，陈同友．红木家具投资收藏入门［M］．上海：上海科学技术出版社，2010．

[32] 夏风．金屋藏贵：箱箧篮桶［M］．上海：上海书店出版社，2006．

[33] 樊昌生．南方文物［M］．南昌：南方文物杂志社，2012．

[34] 李穆．济宁文物珍品［M］．北京：文物出版社，2010．

[35] 陈泽辉．长沙地区文物精华民藏卷（下）［M］．长沙：湖南美术出版社，2010．

[36] 重庆市文物局，重庆市移民局．重庆库区考古报告集．2002 卷．下［M］．北京：科学出版社，2010．

[37] 卫松涛，李宁．山东鲁荒王墓［M］．青岛：青岛出版社，2011．

[38] 贵港市地方志编纂委员会办公室．贵港市文物局．贵港文物图志［M］．南宁：广西人民出版社，2011．

[39] 谭维四．战国王陵曾侯乙墓［M］．杭州：浙江文艺出版社，2012．

[40] 国家文物局．2007 中国重要考古发现［M］．北京：文物出版社，2008．

[41] 国家文物局．2006 中国重要考古发现［M］．北京：文物出版社，2007．

[42] 中国国家博物馆．文物史前史［M］．北京：中华书局，2009．

[43] 邹厚本．江苏盱眙东阳汉墓［J］．考古，1979（5）．

[44] 考古杂志社．考古（1965．4）［M］．北京：考古杂志社，1965．

[45] 考古杂志社．考古（1965．8）［M］．北京：考古杂志社，1965．

[46] 考古杂志社．考古（1963．9）［M］．北京：考古杂志社，1963．

[47] 考古杂志社．考古（1962．8）［M］．北京：考古杂志社，1962．

[48] 考古杂志社．考古（1979．5）［M］．北京：考古杂志社，1979．

[49] 考古杂志社．考古（1984．7）［M］．北京：考古杂志社，1984．

[50] 考古杂志社．考古（1986．3）［M］．北京：考古杂志社，1986．

[51] 考古杂志社．考古（1987．1）［M］．北京：考古杂志社，1987．

[52] 李文明，钱锋．南京童家山南朝墓清理简报［J］．考古，1985（1）．

[53] 陈显双，敖天照．四川广汉县雒城镇宋墓清理报告［J］．考古，1990（2）．

[54] 孟宪武，李贵昌．河南安阳市两座隋墓发掘报告［J］．考古，1992（1）．

[55] 马良民，林仙庭．山东海阳县嘴子前春秋墓试析［J］．考古，1996（9）．

[56] 河南省文物考古研究所. 河南济源市铜花沟 1 号汉墓 [J]. 考古，2000 (5).
[57] 孔令远，陈永清. 江苏邳州市九女墩三号墩的发掘 [J]. 考古，2002 (5).
[58] 江章华，陈云洪，颜劲松，等. 四川郫县古城乡汉墓 [J]. 考古，2004 (1).
[59] 南京市博物馆. 南京郭家山东晋温氏家族墓 [J]. 考古，2008 (6).
[60] 文物出版编辑部. 文物与考古论集 [M]. 北京：文物出版社，1986.
[61] 罗宗真. 江苏宜兴周墓墩古墓清理简报 [J]. 文物参考资料，1953 (8).
[62] 文物参考资料编辑委员会. 文物参考资料 (1955 第 8 期) [M]. 北京：文物出版社，1955.
[63] 文物参考资料编辑委员会. 文物参考资料 (1956 第四期) [M]. 北京：文物出版社，1956.
[64] 孙新民. 华夏考古 (1987 第 2 期) [M]. 北京：华夏考古编辑部，1987.
[65] 徐光冀，汤池，秦大树等. 中国出土壁画全集 [M]. 北京：科学出版社，2012.
[66] 陕西省文物管理委员会，陕西省博物馆，秦始皇兵马俑博物馆. 文博 (1985 第 6 期) [M]. 西安：陕西人民出版社，1985.
[67] 攀昌生. 南方文物 (2004 第 4 期) [M]. 南昌：南方文物杂志社，2004.
[68] 段文杰. 中国壁画全集 [M]. 天津：天津人民美术出版社，1989.

出版后记

家具是生活中必不可少的物件，它蕴含着设计者的巧思，承载着使用者的生活理念。中国是世界家具发展史上最早被书写的国家之一，伴随着社会变革，传统家具在工艺制造和文化寓意上日渐复杂和多样。传承至今，中式传统家具依然具有无穷的生命力。

尤其近几年，榫卯结构和实木材质在新中式家具上的大量应用，使传统中式家具获得了新的时代延展。中国传统家具在工艺表现上的特殊性，不仅体现在实用价值上，而且形成了特定环境下不同时期的审美差异，对我们研究各时代生活习俗、观念意识和技术与物质的发展水平有重要的辅助作用。

《中国传统家具图史》作为一本面向大众的普及类家具研究书籍，采用了方便易查的编年结构。从早期传统家具的雏形阶段入题，展示了夏、商、周及春秋战国时期传统家具的萌芽形态；随后在经历了秦汉和隋唐两次生产力高速发展的时期后，传统家具形态也逐步从“席地而坐”转向为“垂足正襟”，期间还穿插了魏、晋、南北朝这段在装饰元素的应用上迅速发展的文化融合期；在进入到宋、元时期后，中国传统家具不论从结构形态还是装饰手法上，都在走向成熟，并在明、清时期达到巅峰，形成享誉世界的独特风格体系。

全书分门别类展示了上百种家具的图形与图案资料，都是经过大量史料阅览和图样对比后筛选出来的，旨在尽可能地还原传统家具本来的面目。在图鉴形式的基础上，作者针对每一幅图中的代表性家具都进行了简要分析，包括出处来源、结构形式、工艺特征、装饰风格和应用途径等，迅速帮读者建立对中式传统家具更加直观和感性的认识，也有助于培养鉴别家具的能力。

另外，本书还在最后补充介绍了传统家具的材质和陈设习惯，不仅能让读者对中国传统家具在家具设计史上的地位和成就有更完整的认知，而且能使读者更清晰地理解历史及文化承袭与变革的意义。

本书的出版，得到了北京电影学院美术学院的大力支持，在此表示衷心的感谢。

在编校过程中，我们针对史料引用上的文言词汇进行了核对与勘订，鉴于史料信息的版本和资料储备所限，难免仍有疏漏，若有需勘误之处，烦请读者朋友们不吝指出，我们今后将在加印时订正。

服务热线：133-6631-2326 188-1142-1266

服务信箱：reader@hinabook.com

“电影学院”编辑部

拍电影网（www.pmovie.com）

后浪出版公司

2018 年 12 月

图书在版编目（CIP）数据

中国传统家具图史 / 何宝通编著 . -- 北京 : 北京联合出版公司，2019.3（2019.5 重印）

ISBN 978-7-5596-0805-5

Ⅰ . ①中… Ⅱ . ①何… Ⅲ . ①家具—历史—中国—图集 Ⅳ . ①TS666.20-64

中国版本图书馆 CIP 数据核字 (2018) 第 260732 号

中国传统家具图史

编　　著：何宝通　　选题策划：后浪出版公司
出版统筹：吴兴元　　编辑统筹：陈草心
特约编辑：张淼劼　孙　珊　　责任编辑：徐　鹏
营销推广：ONEBOOK　　装帧制造：墨白空间·范靖怡

北京联合出版公司出版
（北京市西城区德外大街83号楼9层　100088）
北京盛通印刷股份有限公司印刷　新华书店经销
字数100千字　655毫米 × 1194毫米　1/16　19.5印张
2019年3月第1版　2019年5月第2次印刷
ISBN 978-7-5596-0805-5
定价：72.00元

后浪出版咨询（北京）有限责任公司常年法律顾问：北京大成律师事务所周天晖 copyright@hinabook.com

本书若有质量问题，请与本公司图书销售中心联系调换。电话：010-64010019

主编：霍廷霄

书号：978-7-5596-0944-1
页数：708
估价：460.00 元（全两册）
出版时间：2018.3

《杨占家电影美术作品集》（全两册）

- **他是电影界国宝级美术巨匠，绘图功底堪称一绝**
- **曾与陈凯歌、张艺谋、李安、王家卫合作了《霸王别姬》《卧虎藏龙》《东邪西毒》等传世经典**
- **从其 3000 多张手绘稿中精选 600 余幅汇编而成**
- **北京电影学院美术教学临摹范本**

内容简介丨本书是对著名电影美术师杨占家先生设计作品的精编汇总，全书分为上下两册，从三千多张保存完好的手绘图稿中精选六百余幅，涉及影片四十七部，其中不乏多部影史经典，如《霸王别姬》《夜半歌声》《大闹天宫》《卧虎藏龙》《十面埋伏》《七剑》《十月围城》《满城尽带黄金甲》《赤壁》《唐山大地震》等。这些图稿既有传统建筑学三视图，又有细部结构设计详图，制图严谨，更传递出了独特的建筑艺术美感。此外，还收录了三篇采访稿及一篇创作阐述，其中既有资深美术师对杨占家先生创作思路的解读，又有杨先生对美术创作技巧的独到讲解。

本书采用了 8 开大开本，尽量保留图纸原貌，并对水彩气氛图辅以四色彩印。本书不仅给中国电影美术史提供了一个极为详实的研究角度，还能在创作实践上为学习美术设计专业的学生以及从业者给予巨大帮助，是一部既具有教学参考价值，又具有研究鉴赏价值的精美图册。

主编简介丨霍廷霄，现任北京电影学院美术学院教授、研究生导师、党总支部书记，中国电影家协会理事，中国电影美术学会会长。

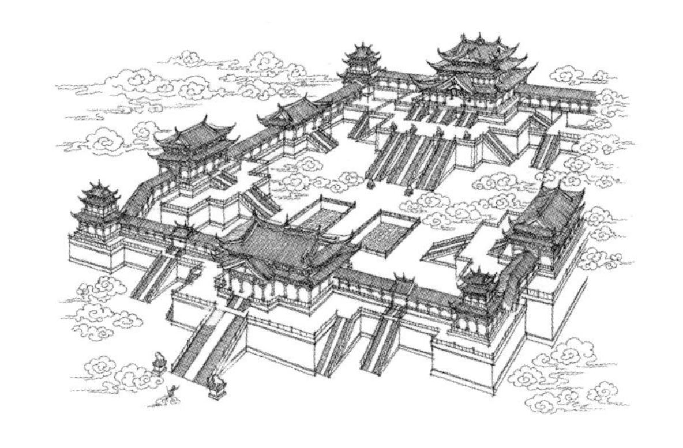